甘肃民勤连古城国家级自然保护区科学考察系列丛书

甘肃民勤连古城国家级自然保护区

野生脊椎动物图鉴

曾新德　张　杰　主编

中国林業出版社
CFPH China Forestry Publishing House

图书在版编目(CIP)数据

甘肃民勤连古城国家级自然保护区野生脊椎动物图鉴 / 曾新德，张杰主编. -- 北京：中国林业出版社，2025. 3. -- ISBN 978-7-5219-3128-0

Ⅰ. Q959.308-64

中国国家版本馆CIP数据核字第2025R5R880号

策划编辑：刘家玲

责任编辑：甄美子

装帧设计：北京八度出版服务机构

————————————————

出版发行：中国林业出版社

（100009，北京市西城区刘海胡同 7 号，电话 83143616）

电子邮箱：cfphzbs@163.com

网址：https://www.cfph.net

印刷：河北鑫汇壹印刷有限公司

版次：2025 年 3 月第 1 版

印次：2025 年 3 月第 1 次

开本：889mm×1194mm　1/16

印张：10

字数：235 千字

定价：68.00 元

《甘肃民勤连古城国家级自然保护区野生脊椎动物图鉴》编辑委员会

前 言

甘肃民勤连古城国家级自然保护区是西北荒漠地区天然荒漠植被群落保存最完整、分布最典型和最多的区域，保护区呈半环状从北、西、南三面护卫着民勤绿洲，扼守住河西走廊的腰部，阻隔了巴丹吉林沙漠和腾格里沙漠合围南侵，生态区位极为重要。

野生脊椎动物是物种多样性的重要组成部分，物种多样性的变化决定着生态系统的稳定性。保护区地处甘肃省河西走廊，根据中国地理区划，河西走廊属古北界蒙新区的西部荒漠亚区。该地区分布的动物物种以典型的荒漠和半荒漠物种居多，动物区系以蒙新区的特点为主。对保护区内动物本底状况进行调查，进而持续开展野生动物状况的监测和保护工作，是自然保护区生态环境监测与保护管理工作方面的重要组成部分。曾有许多动物学领域的专家多次对保护区野生动物资源进行调查和考察，取得了保护区野生动物资源的第一手资料，为保护区系统研究野生动物资源奠定了基础。最早在连古城自然保护区开展的鸟类研究始于常城（1994）对民勤县繁殖鸟类群落及演替的研究。1995年，为期5年的甘肃省陆生野生动物资源调查开始，为进一步了解保护区野生动物资源状况提供了条件。2000年，国家林业局调查规划设计院和连古城自然保护区联合组对保护区野生动物资源进行了考察，根据有关资料记载和相关考察，确定保护区分布的陆生野生动物约89种，隶属24目43科，其中，两栖纲1目1科2种，爬行纲2目3科5种，鸟纲15目29科66种，兽纲6目10科16种，为保护区野生动物资源调查研究奠定了基础。戴怡龄等（2002）分析比较了处于高寒地带的肃南县皇城区和处于荒漠地带的民勤治沙站的动物多样性，共观察和采集到动物141种，分属8纲26目94科，其中，民勤治沙站记录到的鸟类共计8目23科23种。马存世等（2010）在保护区境内发现了保护区鸟类新记录——凤头百灵，探讨了影响保护区生物多样性的因素，并提出了保护对策。顾振东等（2012）在连古城保护区发现了黑尾地鸦。张杰等（2014）在民勤石羊河国家湿地公园、民勤连古城国家级自然保护区发现了鸟类新记录——猎隼、红隼、崖沙燕。赵多明等（2015）对连古城国家级自然保护区内药用两栖类、爬行类、鸟类、兽类动物资源进行了初步调查研究与评价，并就保护区内动植物资源特征提出有针对性的管理对策。赵多明（2016）报道了民勤连古城国家级自然保护区蛇类新记录——红沙蟒，鸟类新记录——石鸡和白背矶鸫。陈章（2017）对民勤连古城国家级自然保护区内不同季节、不同生境的鸟类资源做了调查，共发现鸟类17目32科54属84种。

李隆（2018）对民勤连古城国家级自然保护区4种生境中的鸟类分布进行了调查。共记录鸟类16目37科92种，其中，留鸟41种、夏候鸟35种、冬候鸟12种、旅鸟4种。胡洁（2019）对甘肃民勤样区春季鸟类群落结构和多样性进行了调查，共记录到鸟类102种，隶属于17目39科。张勇（2020）对民勤县陆栖野生脊椎动物的种类、分布型、动物区系等进行了专项调查，结果表明，民勤县陆栖野生脊椎动物分属4纲25目54科98属143种，其中，两栖纲1目2科2属2种，爬行纲1目6科7属9种，鸟纲17目35科73属115种，哺乳纲6目11科16属17种。陈应武（2020）对腾格里沙漠东南缘陆生野生脊椎动物的种类及分布特征等进行了调查，并结合沙坡头国家级自然保护区、连古城国家级自然保护区和腾格里沙漠自治区级自然保护区已有监测数据和文献记载，分析了腾格里沙漠陆生野生脊椎动物多样性及区系。

近年来，通过保护区有效管理，使极其脆弱的荒漠生态系统得以休养生息。各类植被种群有了明显恢复和增长，野生动物种类和数量也在不断增加，生物多样性呈恢复性上升趋势，2015年10月，民勤连古城国家级自然保护区启动了第二期综合科学考察，经过9年的野外调查，在保护区及周边内共拍摄动物群落、种群和个体等不同层次的数码照片3500余幅，经鉴定和按照系统顺序整理后建成甘肃连古城国家级自然保护区脊椎动物图片库。对图片库中的图片进行筛选后，鉴定脊椎动物164种，文献记载与访问调查确定16种，保护区共发现陆生野生脊椎动物180种，隶属4纲28目63科115属，占甘肃省物种总数的21.25%，占全国物种总数的7.24%。鸟纲（Aves）20目46科89属151种，哺乳纲（Mammalia）6目9科16属17种，爬行纲（Reptilia）1目6科7属9种，两栖纲（Amphibian）仅1目2科3属3种。

保护区分布的野生脊椎动物列入《国家重点保护野生动物名录》（2021）的有41种，国家一级保护动物有11种：黑脸琵鹭（*Platalea minor*）、黑鹳（*Ciconia nigra*）、卷羽鹈鹕（*Pelecanus crispus*）、金雕（*Aquila chrysaetos*）、白肩雕（*Aquila heliaca*）、草原雕（*Aquila nipalensis*）、玉带海雕（*Haliaeetus leucoryphus*）、白尾海雕（*Haliaeetus albicilla*）、猎隼（*Falco cherrug*）、大鸨（*Otis tarda*）、荒漠猫（*Felis bieti*）。国家二级保护动物有30种：红沙蟒（*Eryx miliaris*）、白琵鹭（*Platalea leucorodia*）、斑头秋沙鸭（*Mergellus albellus*）、大天鹅（*Cygnus cygnus*）、苍鹰（*Accipiter gentilis*）、雀鹰（*Accipiter nisus*）、凤头蜂鹰（*Pernis ptilorhynchus*）、白头鹞（*Circus aeruginosus*）、棕尾鵟（*Buteo rufinus*）、普通鵟（*Buteo buteo*）、大鵟（*Buteo hemilasius*）、鹗（*Pandion haliaetus*）、游隼（*Falco peregrinus*）、灰背隼（*Falco columbarius*）、红隼（*Falco tinnunculus*）、燕隼（*Falco subbuteo*）、红脚隼（*Falco amurensis*）灰鹤（*Grus grus*）、蓑羽鹤（*Anthropoides virgo*）、长耳鸮（*Asio otus*）、短耳鸮（*Asio flammeus*）、雕鸮（*Bubo bubo*）、纵纹腹小鸮（*Athenenoctua*）、黑颈鸊鷉（*Podiceps nigricollis*）、云雀（*Alauda arvensis*）、白尾地鸦（*Podoces biddulphi*）、黑尾地鸦（*Podoces hendersoni*）、沙狐（*Vulpes corsac*）、赤狐（*Vulpes vulpes*）、鹅喉羚（*Gazella subgutturosa*）。

列入《中国濒危动物红皮书》（1998）的21种，濒危（E）3种，易危（V）11种，稀有（R）4种，未定等级（I）3种。列入《中国物种红色名录》（2004）极危（CR）1种，濒危（EN）1种，易危

（VU）10种，近危（NT）11种，无危（LC）157种。列入《世界自然保护联盟濒危物种红色名录》（IUCN红色名录）（2002）极危（CR）1种，易危（VU）10种，近危（NT）5种，数据缺乏（DD）1种，无危（LC）163种。列入《濒危野生动植物种国际贸易公约》（CITES）附录（2019）31种，附录Ⅰ4种，附录Ⅱ27种。列入《中国物种生物多样性红色名录》的180种，极危（CR）1种、濒危（EN）4种、易危（VU）7种、近危（NT）11种、无危（LC）157种。列入《中日保护候鸟及其栖息环境协定》的66种，占保护区鸟类总数的43.7%，占《中日保护候鸟及其栖息环境协定》种类的29.07%。列入《中澳保护候鸟及其栖息环境协定》的21种，占保护区鸟类总数的13.9%，占《中澳保护候鸟及其栖息环境协定》种类的25.92%。列入《有重要生态、科学、社会价值的陆生野生动物名录》的121种。

基于调查研究成果，编写了《甘肃民勤连古城国家级自然保护区野生脊椎动物图鉴》。收录了保护区分布的164种野生脊椎动物，对每种动物的形态、生态特征，主要分布区域和分布生境，保护等级进行了简要描述，同时每种动物配2~3张反映形态特写的数码照片，直观地展现每种动物的形态识别特征，并力求图文并茂、简明实用。

本书前言、两栖纲、爬行纲由曾新德执笔，鸟纲的䴙形目、鹳形目、鲣鸟目、雁形目、鹰形目、隼形目由王承勋执笔，鸟纲的鸡形目、鹤形目、鸨形目、鸻形目、沙鸡目由贾斌斌执笔，鸟纲的鸽形目、鹃形目、鸮形目、夜鹰目、佛法僧目由张杰执笔，鸟纲的犀鸟目、啄木鸟目、鹏鹛目由杨晓宝执笔，鸟纲的雀形目、兽纲的翼手目、食肉目、劳亚食虫目、兔形目由南小霞执笔，兽纲的鲸偶蹄目、啮齿目、中文名索引和学名索引由邱作金执笔。

由于编者知识和水平有限，物种分类鉴定和文字描述难免出现疏漏，敬请读者批评指正。

编者

2023年9月于民勤

目　录

CONTENTS

四、兽纲 MAMMALIA

一

两栖纲 AMPHIBIAN

（一）无尾目 ANURA

1. 蟾蜍科 Bufonidae

（1）花背蟾蜍 *Bufo raddei*

形态：体长平均6cm左右，雌蟾最长达6.2cm，雄蟾最长达6.7cm；头宽大于头长；吻端圆；吻棱显著，颊部向外倾斜；鼻孔近于吻端，鼻间距略小于眼间距；上眼睑宽，略大于眼间距；鼓膜椭圆而显著；耳后腺大而扁，斜列于耳后外侧方；上下颌无齿；舌长圆形，前肢长2.2～2.9cm、后肢长5.8～7cm。雄蟾体背面皮肤粗糙，头部、上眼睑及背面密布大小不等具有小白刺的疣粒。雌蟾体背较平滑；吻端及头侧疣粒亦少；口角后有较大的疣粒。前肢基背面及股背面均有小疣，四股余部光滑；体腹面满布扁平疣，腹后及股基腹面有较大的疣粒。体背多呈橄榄褐色，有不规则花斑，在灰色的疣粒上有红色点斑；雌蟾头背、躯干、体侧、四股均具不规则的酱红色花斑；头后背正中常有浅绿色或淡绿色或淡灰绿色脊纹；腹面灰白色。

生态：夜间常在灯光下或月光明亮处，集成几十只的群体进行捕食活动。

主要分布生境：红崖山水库、青土湖和农区周边季节性积水区域。

保护等级：

《中国物种红色名录》（2004）	无危
《世界自然保护联盟濒危物种红色名录》（2002）	无危
《有重要生态、科学、社会价值的陆生野生动物名录》（2021）	是

2.蛙科 Ranidae

（2）中国林蛙 *Rana chensinensis*

形态：外形似青蛙，但较蛙小，最大成蛙体长6.3cm，一般5cm左右；两性相似。头扁平，头宽略小于头长；吻钝圆，微突出下颌，吻棱显著，两吻棱自吻前端中央分歧，斜向后伸至眼前角，似等腰三角形。鼻孔位于吻眼之间，眼间距略小于鼻间距；鼓膜明显，膜径小于眼径；犁骨齿小，成团状列生。前肢长15.5～23.5cm，后肢（腿及足）长5.5～9.6cm。皮肤粗糙，背及体侧有许多排列不规则的小疣粒；口角后长形颌腺延至前肢基部；背侧褶在颞部形成曲折；腹部皮肤平滑。体背、侧面及四肢褐灰色，有黄色或棕红色小点；鼓膜处有三角形黑斑；两眼间有一黑色横纹，头后方具“∧”形黑斑；背及体侧疣粒围以黑色；背侧褶浅棕红色；肢背有黑色横纹，大腿背面有3～5条黑横斑；腹面乳白色，腹后至大腿腹面沾棕红色。

生态：栖息于海拔600～3200m的河谷、丘陵、溪流、湖泊及沼泽地带。活动于水域的森林灌丛、草地。受惊可迅速入水或钻入石下、丛草。

主要分布生境：红崖山水库、青土湖及农区周边季节性积水区域。

保护等级：

《中国物种红色名录》（2004）	无危
《中国濒危动物红皮书》（1998）	易危
《世界自然保护联盟濒危物种红色名录》（2002）	无危

（3）黑斑侧褶蛙 *Pelophylax nigromaculatus*

形态：体长5.8～7cm，雄性略小；头长大于头宽；吻钝圆，稍突出于下唇。吻棱不显著，鼻孔近眼，眼间距仅为上眼睑宽的1/2，鼻间距大于眼间距；颊部斜向外侧，鼻孔至眼下方有凹沟；鼓膜显著，膜径微小于眼径；犁骨齿呈两小团，分生于两鼻孔的内侧。前肢全长2.2～3.8cm，后肢全长8～15cm。皮肤不光滑，背侧褶较宽，从眼后直达背后端，两背侧褶之间有4～6行似断似续的短肤褶，不同个体间变异较大；侧褶下皮肤不光滑，部分个体具白色小刺；颞褶细而不显；口颌腺发达，后延至肩上方；腹面光滑。体色变异颇大，通常背面黄绿或深绿，或沾灰棕色；具不规则的黑色斑，体背自吻至肛上方有一条浅绿色或灰绿色的脊线；吻端经吻棱到颞褶的黑纹清晰；背侧褶金黄或浅棕色；四肢背面有黑色横斑；腹面白色；瞳孔卵圆，横置色黑，虹膜金黄色。

生态：栖息于海拔600～2200m的稻田、池塘、湖泊、沼泽、水沟、小溪或水域附近的草丛中。

主要分布生境：红崖山水库、青土湖及农区周边季节性积水区域。

保护等级：

《中国物种红色名录》（2004）	近危
《世界自然保护联盟濒危物种红色名录》（2002）	无危

二

爬行纲 REPTILIA

（二）有鳞目 SQVAMATA

3. 壁虎科 Gekkonidae

（4）隐耳漠虎 *Alsophylax pipiens*

形态：为小型荒漠壁虎类，头体长3.1～3.4cm，尾长3.2～3.8cm；体稍扁平，头小，吻鳞上面正中有鳞沟，无活动眼睑；体背被不规则排列的粒鳞，躯干部及尾部散生有大的起棱疣鳞；胸腹部鳞片较大，成六边形覆瓦状排列；指、趾端不扩大，无蹼。雄性具肛前孔，一横排9个，呈"人"字形。体背棕褐色，有明显的深色横纹4～5条，枕部有"八"形斑；腹面色浅。

生态：栖息于海拔1600～1800m戈壁滩或沙丘上，行动缓慢，昼伏夜出活动觅食；常发出"叽叽"叫声；洞道简单，洞口小，有时借用沙蜥的洞穴。7～8月上旬可见初出壳的幼体和即将孵化成幼体的卵；卵呈白色，卵圆形。

主要分布生境：植物和雨水稀少、空气干燥的荒芜地区或裸岩及季节性积水区、农区周边。

保护等级：

《中国物种红色名录》（2004）	无危
《世界自然保护联盟濒危物种红色名录》（2002）	无危
《有重要生态、科学、社会价值的陆生野生动物名录》（2021）	是

4. 鬣蜥科 Agamidae

（5）荒漠沙蜥 *Phrynocephalus przewalskii*

形态：体形扁平，头体长4.3～6cm，尾长5.2～8.2cm，雄体较大；两鼻孔间有小鳞3～4枚，背鳞大小不一，沿背中线几行鳞棱较强；腹鳞方形，排列整齐；四肢背面为具棱的大鳞，尾基扁平，后部圆形；后肢前伸趾端可达颞部至眼中部；3、4趾具栉状缘，头背有大块黑斑，沿背中线有条黑色宽纵纹，有的部位扩展成横斑，黑纵纹两侧及尾背均为浅橘黄色，尾腹面大部呈白色，尾末端黑色。

生态：栖息于海拔1275～1560m的沙漠边缘、荒漠草原或砾石沙土地段；穴居，洞道简单。夏季地面高温时可爬到灌木丛或小树枝上避暑。繁殖习性与其他沙蜥属种类同。以鞘翅目及其他昆虫类为食，有时亦食植物浆果、叶片、嫩枝等。5～6月为交配繁殖期。

主要分布生境：植物和雨水稀少、空气干燥的荒芜地区或裸岩及季节性积水区、农区周边。

保护等级：

《中国物种红色名录》(2004)	无危
《世界自然保护联盟濒危物种红色名录》(2002)	无危
《有重要生态、科学、社会价值的陆生野生动物名录》(2021)	是

5. 蜥蜴科 Lacertiolae

（6）密点麻蜥 *Eremias multiocellata*

形态：体形中等，头体长4.3～6cm，尾长5.2～10.1cm；头中等大小，吻钝；鼻鳞3枚，耳孔卵圆，前额鳞、额顶鳞、顶鳞均为1对，顶间鳞1枚，眶上鳞2枚，颌片5对，颌片至领围间中线上有小鳞22～28枚；喉褶明显，无枕鳞，体背被粒鳞；体中段一横列有鳞42～55枚；腹鳞光滑方形，中段每横列有鳞2～16枚；股孔每侧8～13个，两侧股孔在肛前相隔8～11枚鳞片。体背为橄榄灰色，腹面为灰白色；体侧有斑点，前后缀成纵行直至尾部，背中部有浅色纵线。

生态：栖息于海拔1500～2200m的干旱荒漠、山地阴坡、田边、路旁等多种环境中。卵胎生。活动规律与丽斑麻蜥同。主要捕食同翅目、半翅目、鞘翅目等类的昆虫为食。

主要分布生境：植物和雨水稀少、空气干燥的荒芜地区或裸岩及季节性积水区、农区周边。

保护等级：

《中国物种红色名录》（2004）	无危
《世界自然保护联盟濒危物种红色名录》（2002）	无危
《有重要生态、科学、社会价值的陆生野生动物名录》（2021）	是

（7）虫纹麻蜥 *Eremias vermiculata*

形态：体形狭长，头体长3.4～7cm，尾长3.8～14.7cm；头细长，吻尖，无枕鳞，鼓膜下陷裸露，颏片5对，颏片至领围间中段上有小鳞38～48枚；体背为一致的粒鳞，体中段每横列有鳞57～60枚；腹鳞方形光滑，体中段每横列有18～19枚；四肢中等，肢背为粒鳞，后肢趾端前伸可达腋部；股孔每侧17～20个，两侧股孔间相隔4～5枚鳞片；尾基扁平，后段逐渐成鞭状。体背灰褐色，满布纵行的浅色虫纹状条纹，头背大鳞具深色斑纹，四肢背面有浅色圆斑，腹面淡红色。

生态：栖息于海拔1060～1220m的荒漠、沙漠边缘、农田附近的灌木丛或草丛中，筑洞于松软的沙土层，洞口半弧形，洞内有简单分叉；行动敏捷；夏季地面升温时可爬到小树干上避暑。主食鳞翅目的幼虫、蝇类以及膜翅目、脉翅目等昆虫。

主要分布生境：植物和雨水稀少、空气干燥的荒芜地区或裸岩及季节性积水区、农区周边。

保护等级：

《中国物种红色名录》(2004)	无危
《世界自然保护联盟濒危物种红色名录》(2002)	无危
《有重要生态、科学、社会价值的陆生野生动物名录》(2021)	是

（8）荒漠麻蜥 *Eremias przewalskii*

形态：体形大而平扁，头体长7.3～9.5cm，尾长9～12.5cm。头呈三角形，颞部显著膨大；吻端钝，吻鳞大。鼻孔为3枚鼻鳞所围，鼻上鳞的前缘紧接吻鳞；鼻下鳞位于第一至第三枚上唇鳞的上方，但不与吻鳞接触；鼻后鳞小，后缘与一部分额鼻鳞及前颊鳞相接。额鼻鳞单枚，其宽大于长度，外侧邻接前颊鳞，后方斜接前额鳞。背面黄灰色、红褐色而带橙黄，有黑斑相连所成的横纹，内具浅色圆点；头背有黑色斑块。四肢背面和掌、跖部均呈黄色，有黑色斑纹及小斑。腹面黄色。

生态：栖息于海拔1275～1400m的半荒漠及沙漠边缘地区，筑洞于灌木丛附近。洞道简单，行动较缓慢。以多种昆虫为食。

主要分布生境：植物和雨水稀少、空气干燥的荒芜地区或裸岩及季节性积水区、农区周边。

分布：保护区内见于勤锋保护站。

保护等级：

《中国物种红色名录》（2004）	无危
《世界自然保护联盟濒危物种红色名录》（2002）	无危
《有重要生态、科学、社会价值的陆生野生动物名录》（2021）	是

6.蟒科 Boidae

（9）红沙蟒 *Eryx miliaris*

形态：体长40cm，体背面淡褐色和砖红色，具黑褐色横斑。腹面灰白色，有黑点，幼体与成体颜色无差异。吻鳞宽而低，中央呈三角形突起弯向背面；左右前鼻鳞在吻鳞后相切；鼻孔小，呈裂缝状，位于三片鼻鳞间，前鼻鳞最大；眼小，近背面，两眼之间有7～8枚鳞，环绕眼的四周有8～12枚鳞，上唇鳞11～12枚；下唇鳞较小，每侧19枚。背鳞小，41～47行，平滑无棱；腹鳞较背鳞大，191～202枚；尾短而圆钝，绿下鳞单行，23～32枚。

生态：栖息于海拔900～1066m的荒漠、半荒漠沙土或黄土、黏土地带。以小型鼠类和蜥蜴类为食。无毒。卵胎生，6～8月可见产仔，每胎8～10条。

主要分布生境：植物和雨水稀少、空气干燥的荒芜地区或裸岩。

保护等级：

《国家重点保护野生动物名录》(2021)	二级
《中国物种红色名录》(2004)	无危
《濒危野生动植物种国际贸易公约》(2019)	附录Ⅱ
《世界自然保护联盟濒危物种红色名录》(2002)	易危

7. 游蛇科 Colubridae

（10）花条蛇 *Psammophis lineolatus*

形态：体形细长，尾细长而末端尖，头颈区分明显；全长雌性60+20.6cm，具后沟牙，轻毒。吻鳞从头背可见，颊鳞1枚不入眶，眶前鳞1枚，眶后鳞2枚，颞鳞2+2枚，上唇鳞9枚，3-3-3式；体背鳞17-17-13行；雌性腹鳞182～192枚，尾下鳞91～95枚，肛鳞2枚。体背灰色，有灰褐色纵线四条，背脊一行鳞色较深，缀成一条深色脊纹，前后缀连成纵线纹，直延至尾下鳞两侧。

生态：栖息于海拔900～1000m的荒漠地区，常见于沙漠边缘、荒漠草原、农田附近。主要捕食蜥蜴类如沙蜥、麻蜥等。卵生，产卵2～8枚。

主要分布生境：植物和雨水稀少、空气干燥的荒芜地区或裸岩及季节性积水区、农区周边。

保护等级：

《中国物种红色名录》（2004）	无危
《世界自然保护联盟濒危物种红色名录》（2002）	近危
《有重要生态、科学、社会价值的陆生野生动物名录》（2021）	是

（11）白条锦蛇 *Elaphe dione*

形态：头小，体形细长，体长雄性可达86.3+16.8cm，雌性78+17.5cm；吻鳞明显露于头背，颊鳞1枚，眶前眶后鳞均为2枚、颞鳞2+4枚，上唇鳞8枚，3-2-3式；体鳞微棱，仅两侧数行光滑，鳞行23-25-19行；雄性腹鳞166～194枚，尾下鳞48～75对；雌性分别为173～197枚和62～70对；肛鳞均为2枚。体背棕黄色或淡灰色，头背有一钟形斑，斑纹暗黑色，体背有3条白色纵纹及许多不规则的窄黑横斑，颈及眼后各有一条黑色横斑；腹面黄白色缀以黑色斑点。

生态：栖息于海拔750～1400m的丘陵、平原、居民点附近，活动于石块下，墙洞或草丛中，臭腺发达，为中国北方的常见种。无毒。卵生，7～8月产卵，每产6～10枚。以鼠类、蛙类、蜥蜴及昆虫等为食。

主要分布生境：植物和雨水稀少、空气干燥的荒芜地区或裸岩及季节性积水区、农区周边。

分布：保护区内见于南湖保护站。

保护等级：

《中国物种红色名录》(2004)	无危
《世界自然保护联盟濒危物种红色名录》(2002)	无危
《有重要生态、科学、社会价值的陆生野生动物名录》(2021)	是

三 鸟纲 AVES

（三）鸡形目 GALLIFORMES

8. 雉科 Phasianidae

（12）环颈雉 *Phasianus colchicus*

形态：雄鸟成体全长76.3cm，翅长24.1cm，嘴峰3.4cm，尾长38.9cm，跗跖6.2cm，体重927g。雄鸟羽衣华丽，颈铜绿色；或有或无白色项圈；尾羽长而具横斑。雌鸟羽色苍淡，体羽大都棕黄色而具黑斑，尾羽短，横斑较窄。虹膜红栗色（雄），或淡红栗色（雌）；上嘴暗褐色，下嘴角黄色；跗跖角褐色。雄鸟具短距。爪角黑色。

生态：栖于海拔800～3100m山地、草原、荒漠等处。脚健善走，飞行力强，但飞行距离短。以植物为食，兼食少量动物性食物。

主要分布生境：植物和雨水稀少、空气干燥的荒芜地区或裸岩及季节性积水区、农区周边。

保护等级：

《中国物种红色名录》（2004）	无危
《世界自然保护联盟濒危物种红色名录》（2002）	无危
《有重要生态、科学、社会价值的陆生野生动物名录》（2021）	是

（13）石鸡 *Alectoris hukar*

形态：头顶、枕及后颈葡萄红褐色；额部深灰色；头顶两侧灰色浅而窄；眼上纹白色沾棕；眼先、颊以及喉部等均深棕色；耳羽栗褐色；后颈两侧灰橄榄色；上背紫棕褐色，并延伸至内侧肩羽和胸侧；外侧肩羽肉桂色，羽片中央蓝灰色；下背、腰、尾上覆羽以及中央尾羽均橄榄色，混以灰色；外侧尾羽栗棕色。颏部黑色；下颌后端两侧角各具一簇黑羽；喉部与颊部同为深棕色；上胸灰色，渲染棕褐色；下胸深棕色，较喉部鲜明；腹部浅棕色；尾下覆羽亦深棕色，但较暗些；两胁浅棕，羽基钢灰色。虹膜栗褐色；嘴和眼周的裸出部分及脚、趾等均为珊瑚红色；爪乌褐色。

生态：生活在低山间干燥的山谷内及丘陵的岩坡和砂坡上；飞翔力强而快速，但不能持久。性杂食，4月末至5月初开始繁殖。

主要分布生境：植物和雨水稀少、空气干燥的荒芜地区、裸岩和起伏和缓的丘陵。

保护等级：

《中国物种红色名录》（2004）	无危
《世界自然保护联盟濒危物种红色名录》（2002）	无危
《有重要生态、科学、社会价值的陆生野生动物名录》（2021）	是

（四）鸽形目 COLUMBIFORMES

9. 鸠鸽科 Columbidae

（14）岩鸽 *Columba rupestris*

形态：体形大小和羽色均和家鸽相似，但有两道宽阔的白色横带，一在腰部，另一在近尾端处。成鸟头以及颈的上部为暗灰色；颈的下部，包括背和胸等的极上部转为闪亮的绿色和紫色；上背及两翅的大部为鸽灰色，翼上具两道不完整的黑色横斑；初级飞羽的外翈和末端 及次级飞羽的末端等，均为褐色；下背白色；腰和尾，上覆羽等与头同色，但更暗些；尾羽基部亦然，末端褐黑，中段贯以宽阔的白色横带，但中央尾羽的横带稍带灰色；下体自上胸以次渐转为鸽灰色，至腹变为灰白；腋羽纯白。雌雄相似，但雌鸟的尾上覆羽更暗些，胸部的紫色闪光较少。虹膜橙黄色；嘴黑；跗跖及趾暗红，爪黑褐色。

生态：栖息于山岩峭壁或黄土沟壑地带。5～8 月繁殖，营巢于岩洞或土洞中。

主要分布生境：植物和雨水稀少、空气干燥的荒芜地区或裸岩。

保护等级：

《中国物种红色名录》（2004）	无危
《世界自然保护联盟濒危物种红色名录》（2002）	无危
《有重要生态、科学、社会价值的陆生野生动物名录》（2021）	是

（15）原鸽 *Columba livia*

形态：头、颈、胸、上背等均暗石板灰色，下颈和上胸均闪以暗紫绿光辉；下背和腰浅蓝灰；两翅与下背大都同色，翅上的中、大覆羽各横贯以一道不完整的黑斑；飞羽浓褐；尾上覆羽及尾羽等与头同色（有时与下背同色），尾端有宽阔的黑斑。下体石板灰或浅蓝灰，尾下覆羽较深；腋羽灰白。雌雄同色，但雌鸟体色一般要暗一些。虹膜橙红色；嘴浅角色，基部呈紫红色；跗跖及趾为黄铜色以至洋红色不等；爪黑色。

生态：栖居于海拔2800m的岩石峭壁上，亦常集结成群，时而栖于村落，时而停息在废墟，但大都在农田周围活动。繁殖期4～8月。

主要分布生境：植物和雨水稀少、空气干燥的荒芜地区或裸岩及季节性积水区、农区周边。

保护等级：

《中国物种红色名录》（2004）	无危
《世界自然保护联盟濒危物种红色名录》（2002）	无危
《有重要生态、科学、社会价值的陆生野生动物名录》（2021）	是

（16）山斑鸠 *Streptopelia orientalis*

形态：成鸟体长33cm。上体大都褐色；颈基两侧有杂以蓝灰色的黑块斑；肩羽具显著红褐色羽缘；尾端灰白；下体主为葡萄酒的红褐色。成鸟雌雄相似。头和颈灰褐而带葡萄酒色，前额和头顶有更多的蓝灰色；在颈基两侧各有一块羽缘为蓝灰色的黑羽；上背褐色，各羽缘以红褐色；下背和腰均蓝灰；尾上覆羽褐而带灰，羽端纯灰；中央尾羽褐色，羽端沾灰；外侧尾羽褐色更深，而灰色端部更宽，最外侧尾羽的外翈为灰白色；肩羽和内侧飞羽均黑褐，羽缘红褐；外侧中覆羽和大覆羽深石板灰色，羽端较淡；飞羽黑褐而具较淡的狭缘。下体为葡萄酒的红褐色；颏和喉呈带黄的粉红色；腹部淡灰；两肋、腋羽及尾下覆羽均蓝灰色；尾下覆羽较淡。虹膜橙色；嘴暗铅蓝色；跗跖或多或少为洋红色，爪角褐色。

生态：栖息于树林、山区和平原人工疏林，小群活动，每群5～10只不等。繁殖期常成对活动于森林边缘或小林块地带。

主要分布生境：植物和雨水稀少、空气干燥的荒芜地区或裸岩及季节性积水区、农区周边。

保护等级：

《中国物种红色名录》（2004）	无危
《世界自然保护联盟濒危物种红色名录》（2002）	无危
《有重要生态、科学、社会价值的陆生野生动物名录》（2021）	是

（17）灰斑鸠 *Streptopelia decaocto*

形态：体形较山斑鸠稍小；前头灰色，向后渐转为浅粉红灰；后颈基处横列一道半月状黑色领环，其前缘为灰色，后缘亦灰，但不显著；背、腰、两肩及翅上的小覆羽等均为淡葡萄色；尾上覆羽亦同，但较长的数枚沾灰，与中央尾羽同色；外侧尾羽转为灰以至灰白色，并具黑色羽基；翅上覆羽大都蓝灰色；飞羽黑褐，内侧初级飞羽沾灰。颏、喉白色，下体余部鸽灰，胸部带粉红色，两肋和尾下覆羽转蓝灰色。虹膜红色，睑缘亦红，眼周裸出部白或灰；嘴近黑色；跗跖和趾等暗粉红，爪黑。

生态：平时常群栖于树枝、屋顶或电线上。觅食于农田上。5月下旬至8月上旬营巢繁殖。

主要分布生境：植物和雨水稀少、空气干燥的荒芜地区或裸岩及季节性积水区、农区周边。

保护等级：

《中国物种红色名录》(2004)	无危
《世界自然保护联盟濒危物种红色名录》(2002)	无危
《有重要生态、科学、社会价值的陆生野生动物名录》(2021)	是

（五）沙鸡目 PTEROCLIFORMES

10. 沙鸡科 Pteroclidae

（18）毛腿沙鸡 *Syrrhaptes paradoxus*

形态： 额、头顶前部、眉纹及头侧灰黄色；喉及后颈基部两侧块斑为锈红色；颈侧灰色；头顶后部及后颈棕灰色；上体沙棕色，杂以黑色横斑，这些横斑在背部较粗而疏，向后变细而密；肩羽与背同色，亦具黑色横斑。胸棕灰色，下胸贯以一道棕白色横带，其中更杂有数条黑色细斑；腹淡砂棕色，中央有一大块黑斑，并伸向肋部；覆腿羽及尾下覆羽白色；较长的尾下覆羽有灰黑色羽干纹或“v”形纵纹；腋羽白而缀以黑端，翼下覆羽棕黄，近翼缘处杂以黑点。虹膜暗褐；嘴蓝灰；脚与趾密披短羽，爪黑色。

生态： 常结成大群进行爆发性迁徙，很适合于沙漠生活，行走时，身体左右摆动，飞行时呈波浪状前进，飞行高度低，但十分快速。它的食物主要是各种野生植物种子及嫩芽。约在4～8月繁殖。

主要分布生境： 植物和雨水稀少、空气干燥的荒芜地区或裸岩及季节性积水区、农区周边。

保护等级：

《中国物种红色名录》（2004）	无危
《世界自然保护联盟濒危物种红色名录》（2002）	无危
《有重要生态、科学、社会价值的陆生野生动物名录》（2021）	是

（六）鹈形目 PELECANIFORMES

11. 鹭科 Ardeidae

（19）草鹭 *Ardea purpurea*

形态：头顶黑色，有羽冠及延长的羽冠带；颏、喉白色，嘴裂处有蓝黑色条纹向后经颊会合于枕部后延伸至后颈基部；颊部亦有蓝黑色条纹经颈侧延伸至前胸；前颈栗红，后颈银灰；上胸有白色杂黑灰的蓑羽，下胸两侧深栗红，两胁灰色，腹中部黑色；肩羽栗紫色，背、腰暗灰；初级飞羽黑色，次级和三级飞羽灰色，三级覆羽延伸细长、呈棕黄色，翼下覆羽棕黄色；中爪内侧具栉缘。雌雄同色。虹膜、眼先裸部及嘴角均为黄色，上嘴先端角褐色，跗跖前缘栗褐色，后缘角黄色，趾赤褐色。

生态：栖息于沼泽、湖泊、稻田等地。常结3～5只小群活动于水边，以鱼、虾、青蛙及昆虫为食。3～4月飞抵繁殖地，集群营巢在松、榆树上或芦苇、杂草丛中。

主要分布生境：红崖山水库、青土湖及农区周边季节性积水区域。

保护等级：

《中国物种红色名录》（2004）	无危
《世界自然保护联盟濒危物种红色名录》（2002）	无危
《有重要生态、科学、社会价值的陆生野生动物名录》（2021）	是

（20）苍鹭 *Ardea cinerea*

形态：雄鸟全长94cm、翅长42.8cm、嘴峰10.7cm、尾长18.2cm、跗跖13.2cm，体重1562g。体大，最大个体重1700g，长约100cm。背至尾灰色；肩部垂羽呈柳叶形，端部分散，颜色苍白；头、颈白；头顶两侧、枕部和冠羽黑色；前颈中部有一黑色纵纹；胸、腹、尾下覆羽和覆腿羽色同；前胸两侧各具一条紫黑色纵纹，沿胸和腹侧向后延伸。虹膜黄色；眼前裸皮部分绿色；嘴色黄，侧面沾棕；跗跖和趾角黄，爪黑色。腹面白色。站和飞行时常曲颈成“S”形。

生态：栖息于低山和平原地区的湖泊、沼泽、河流及稻田中。食性以鱼为主，兼食虾类及水生昆虫，有时也在湿地寻食陆生昆虫、鼠类和蛙类。

主要分布生境：红崖山水库、青土湖及农区周边季节性积水区域。

保护等级：

《中国物种红色名录》（2004）	无危
《世界自然保护联盟濒危物种红色名录》（2002）	无危
《有重要生态、科学、社会价值的陆生野生动物名录》（2021）	是

（21）牛背鹭 *Bubulcus ibis*

形态：体长47～55cm的鹭科鸟类。雌雄相似。繁殖期眼先黄绿色，头、颈皆为橙棕色，头后无辫状饰羽，颈基具下垂的蓑羽，背部具橙黄色的丝状延长饰羽但一般不超过尾端，上体余部、两翼及下体皆为白色。非繁殖期眼先黄色，全身皆为白色，无延长的饰羽。幼鸟似成鸟非繁殖羽，但喙为黑色而非橙色或黄色。本种繁殖羽羽色鲜艳。非繁殖羽与各种白色体羽的鹭类相似，但本种喙全为黄色，较短，颈部亦较其余各种白色鹭类短而粗壮。幼鸟喙全为黑色，似白鹭，但喙、颈部均明显较短且趾为黑色而非黄色。虹膜黄色；喙橙色至橙红色（繁殖期）、黄色（非繁殖期）或黑色（幼鸟）；跗跖黑色。

生态：栖息于包括但不限于沿海及内陆各种湿地，亦见于农田、草地和开阔的荒野。因常常跟随牛活动，甚至站立于牛背上而得名。

主要分布生境：红崖山水库、青土湖及农区周边季节性积水区域。

保护等级：

《中国物种红色名录》（2004）	无危
《世界自然保护联盟濒危物种红色名录》（2002）	无危
《有重要生态、科学、社会价值的陆生野生动物名录》（2021）	是

(22) 池鹭 *Ardeola bacchus*

形态：雄成体全长52cm，翅长12.1cm，嘴峰6.7cm，尾长9cm，跗跖6.1cm。雄成体头部、冠羽、颈的后部和侧面及前胸均为栗红色，羽枝分散如发，冠羽后垂达背部；肩部着生蓝黑色蓑羽，后向伸至尾端；眼先裸出部分皮黄绿色；下颈和上胸羽呈长矛状；其余体羽乳白色。雌鸟与雄鸟色同，但体稍小且着栗红色处羽色较淡。繁殖后冠羽和蓑羽脱落，但前颈和背羽都变得特长，颈羽下垂掩盖胸部；背羽向后覆盖腰部。虹膜金黄；嘴黄而先端黑，嘴裂处暗色；跗跖及趾淡黄色。

生态：栖息于池塘、沼泽及稻田中，常结小群涉水觅食，在竹林、杉林等林木的顶处营巢。

主要分布生境：红崖山水库、青土湖及农区周边季节性积水区域。

保护等级：

《中国物种红色名录》(2004)	无危
《世界自然保护联盟濒危物种红色名录》(2002)	无危
《有重要生态、科学、社会价值的陆生野生动物名录》(2021)	是

（23）大白鹭 *Ardea alba*

形态：体型大，颈长且呈弯曲状，体羽白，仅下背具蓑羽，嘴繁殖期基本变黑，冬季则变黄，脚及趾均黑。雄鸟通体全白，无羽冠，胸部亦无蓑羽。雌雄同色。虹膜淡黄色、眼先裸部蓝绿色（冬季黄色）、嘴黄色、跗跖及趾、爪等黑色。

生态：栖息于稻田、湖泊、河流及沼泽地。2～5月飞抵繁殖地，常与白鹭、池鹭等混群筑巢于高大树木上或芦苇丛中，巢以枯枝、干草搭成，垫以杂草和叶片。

主要分布生境：红崖山水库、青土湖及农区周边季节性积水区域。

保护等级：

《中国物种红色名录》（2004）	无危
《世界自然保护联盟濒危物种红色名录》（2002）	无危
《有重要生态、科学、社会价值的陆生野生动物名录》（2021）	是

（24）夜鹭 *Nycticorax nycticorax*

形态：雌鸟全长51.3cm、翅长27.6cm、嘴峰6.9cm 、尾长11.1cm、跗跖6.9cm。成鸟体形粗壮，头短而厚。头顶、枕部、后颈、背及肩等处色黑而沾绿辉；额基和眉纹白色；颈项着生2～3枚白色长带状羽；上体余部灰色，两翅色较浓；胸、胁羽沾灰色；其余下体白色。幼鸟上体暗褐色，羽干纹淡棕色；翅上覆羽、飞羽及尾羽均暗褐色，饰有白色、灰白色或星状端斑；下体羽白色且满布暗褐色细纹；尾下覆羽白色而沾棕色。虹膜血红色；嘴黑色；眼先裸皮黄绿色；跗跖和趾角黄沾红色。幼鸟嘴峰褐色，基部草黄色；跗跖黄色。

生态：栖息于河漫滩，水库和近水农田。

主要分布生境：红崖山水库、青土湖及农区周边季节性积水区域。

保护等级：

《中国物种红色名录》2004	近危
《世界自然保护联盟濒危物种红色名录》（2002）	无危

（25）黄斑苇鳽 *Ixobrychus sinensis*

形态：体长30～38cm的鹭科鸟类。雄鸟头顶黑色，头、颈余部黄褐色，上体余部大致为黄褐色，但尾羽呈黑色，两翼飞羽和初级覆羽黑色，其余翼上覆羽与背部同为黄褐色。下体淡黄白色，前颈至胸部具模糊的褐色纵纹（部分个体无纵纹）。雌鸟与雄鸟相似，但头顶为灰黑色，具浅色纵纹，背部具模糊的暗褐色纵纹，且颈部至胸部的纵纹较雄鸟清晰。幼鸟似雌鸟，但顶冠为黄褐色，且上体、两翼（翼上覆羽）及下体均缀有清晰的暗褐色纵纹。本种背部及翼上覆羽同为黄褐色，故不难与相似种紫背苇鳽（背紫红色，翼上覆羽灰黄色）及栗苇鳽（背部及两翼均为栗红色）区分。与小苇鳽相似，区别相应种描述。虹膜黄色；喙峰黑色，其余部分黄色；跗跖黄绿色。

生态：为常见候鸟，一般隐匿于湿地及其附近的苇丛、草丛、荷塘和水田中，不喜集群。

主要分布生境：红崖山水库、青土湖及农区周边季节性积水区域。

保护等级：

《中国物种红色名录》（2004）	无危
《世界自然保护联盟濒危物种红色名录》（2002）	无危
《有重要生态、科学、社会价值的陆生野生动物名录》（2021）	三有

12. 鹮科 Threskiornithidae

（26）黑脸琵鹭 *Platalea minor*

形态：体长60～78cm的较小的琵鹭。雌雄相似。成鸟繁殖羽大部分呈白色，眼先至前额基部裸皮黑色，穗状羽冠黄色，胸淡黄色。成鸟非繁殖羽黄色褪去，头后无羽冠。幼鸟喙大致为粉褐色，飞行时可见初级飞羽端部黑色。与白琵鹭羽色相似，但本种眼先至前额有显著的黑色裸皮，且喙全为黑色。虹膜黄色；跗跖黑色。

生态：习性类似白琵鹭，迁徙时也常与其混群活动，较白琵鹭更喜咸水环境。繁殖期外一般无声。

主要分布生境：红崖山水库、青土湖及农区周边季节性积水区域。

保护等级：

《国家重点保护野生动物名录》（2021）	一级
《中国物种红色名录》（2004）	濒危
《世界自然保护联盟濒危物种红色名录》（2002）	极危
《中国濒危动物红皮书》（1998）	濒危

（27）白琵鹭 *Platalea leucorodia*

形态：体长 70～95cm 的大型琵鹭。雌雄相似。喙直，先端显著扩大，呈匙状，上喙具褶皱纹，纹路随年龄增长而增加。成鸟繁殖羽大致呈白色，眼至喙基有一细黑线连接，穗状羽冠黄色，喉下裸皮明黄色，胸略带黄色。成鸟非繁殖羽黄色褪去，头后无羽冠。幼鸟喙大部为粉褐色，上嘴褶皱纹少或无，飞行时可见初级飞羽端部黑色。野外观察时甚似白鹭，距离较远时可通过其飞行姿态（颈部伸直，振翅频率高）与白鹭区别，此外本种趾为黑色，而非黄色。本种与黑脸琵鹭相似，但眼先黑色面积甚小，且喙端为黄色非黑色。虹膜黄色；喙黑色，末端黄色；跗跖黑色。

生态：喜爱沼泽、河岸、沿海鱼塘等水域。常集小群活动有时与其他水鸟混群。琵琶状的喙特化用于在水中滤食，幼鸟发出尖厉的喉音。繁殖期外寂静无声。

主要分布生境：红崖山水库、青土湖及农区周边季节性积水区域。

保护等级：

《国家重点保护野生动物名录》（2021）	一级
《中国物种红色名录》（2004）	无危
《世界自然保护联盟濒危物种红色名录》（2002）	近危
《中国濒危动物红皮书》（1998）	易危
《濒危野生动植物种国际贸易公约》（2019）	附录Ⅱ

13. 鹈鹕科 Pelecanidae

（28）卷羽鹈鹕 *Pelecanus crispus*

形态：体长160～180cm的体型硕大的灰白色鹈鹕，翼展310～345cm。雌雄羽色近似，雌鸟体形略小。似白鹈鹕但较白鹈鹕略大，体色较灰，飞行时翼下仅翼尖黑色，其余较灰；翼上方飞羽及部分覆羽黑色。颈背部羽冠卷曲，与白鹈鹕较短的悬垂式羽冠亦有差别。幼鸟下体白色，上体淡褐色。虹膜近白色；喙灰色，边缘近肉色，喉囊橙色，繁殖期颜色较鲜艳；跗跖灰色。

生态：我国繁殖于北部地区，在东南沿海越冬，迁徙经过中部地区。非繁殖期寂静无声，繁殖期发出低沉鸣声。

主要分布生境：红崖山水库、青土湖及农区周边季节性积水区域。

保护等级：

《国家重点保护野生动物名录》（2021）	一级
《中国物种红色名录》（2004）	易危
《世界自然保护联盟濒危物种红色名录》（2002）	易危
《濒危野生动植物种国际贸易公约》（2019）	附录Ⅰ

（七）雁形目 ANSERIFORMES

14. 鸭科 Anatidae

（29）赤麻鸭 *Tadorna ferruginea*

形态：雄鸟头顶棕白，颊、喉、前颈及颈侧均淡棕黄色；下颈基部有一个狭窄的黑色领环；胸、上背及两肩均黄褐色，下背稍淡，羽端更浅；腰羽棕，具暗褐色虫样斑纹；翅上的覆羽白沾棕色，小翼羽及初级飞羽黑褐色，次级飞羽的外羽片辉绿色，形成明显的翼镜，三级飞羽的外侧三枚具棕褐色的外羽片，尾和尾上覆羽黑色；下体的棕褐色在上胸、下腹及尾下覆羽处最深。雌鸟颈基无黑色领环，头顶及头侧均白色，其余体羽和雄鸟相似，但稍淡些。

生态：见于山区小溪旁，高山草原有水泊处，开旷水塘间，河岸、湖边及靠近绿洲的戈壁滩上。飞行时成直排或横排，边飞边叫。第二年性成熟，每年4～7月繁殖。

主要分布生境：红崖山水库、青土湖及农区周边季节性积水区域。

保护等级：

《中国物种红色名录》（2004）	无危
《世界自然保护联盟濒危物种红色名录》（2002）	无危
《有重要生态、科学、社会价值的陆生野生动物名录》（2021）	是

（30）白眼潜鸭 *Authya nyroca*

形态：体长38～42cm。雄鸟通体棕褐色，头部、胸部亮棕色具金属光泽，背部黑褐色，下腹、翼镜、尾下覆羽白色。雌鸟下体棕色较浅，头部棕色，无光泽。雌雄胁部均为棕褐色。雄鸟虹膜白色，雌鸟虹膜黑褐色；喙灰黑色；附跖灰褐色。

生态：繁殖期栖息于开阔而水生植物丰富的淡水湖泊、沼泽和水塘等水域，冬季多活动于水流较缓的河流、湖泊、水库等水域，潜水觅食，常与其他潜鸭混群。

主要分布生境：红崖山水库、青土湖及农区周边季节性积水区域。

保护等级：

《中国物种红色名录》（2004）	无危
《世界自然保护联盟濒危物种红色名录》（2002）	无危
《有重要生态、科学、社会价值的陆生野生动物名录》（2021）	三有

（31）红头潜鸭 *Aythya ferina*

形态：体长42～49cm。雄鸟头、颈栗红色，胸、上背及尾上覆羽黑色，翼、两肋及下腹灰色。雌鸟头、颈至胸棕褐色，背灰褐色，两肋及下体灰色。幼鸟似雌鸟，背部、腹部为浅棕色。雄鸟虹膜红色，雌鸟虹膜褐色；喙灰黑色，尖端黑色，基部亦较深；跗跖灰黑色。

生态：国内繁殖于新疆及东北，迁徙时见于西部、中部、东北和华东大部，越冬于黄河、长江以南水域，包括台湾。栖息于水生植物茂密的河流、沼泽、水塘和湖泊，冬季集大群活动，常与其他潜鸭混群。

主要分布生境：红崖山水库、青土湖及农区周边季节性积水区域。

保护等级：

《中国物种红色名录》（2004）	无危
《世界自然保护联盟濒危物种红色名录》（2002）	无危
《有重要生态、科学、社会价值的陆生野生动物名录》（2021）	是

（32）凤头潜鸭 *Aythya fuligula*

形态：体长40～47cm。雄鸟上体黑色，头黑色而泛紫色光泽，具长羽冠，翼镜、两胁及下腹白色。雌鸟通体暗褐色，头色略深但无光泽，具羽冠但较雄鸟为短，下腹色浅，两胁有时略带白色，有些个体喙基具小块白斑。幼鸟羽色似雌鸟，整体浅褐色，羽冠不甚明显。虹膜金黄色；喙铅灰色，端黑色；跗跖灰色。

生态：国内繁殖于东北北部，迁徙时经过长江以北地区，越冬至长江以南流域，包括台湾和海南，冬季多活动于富有水生植物的河流、湖泊、水库等水域，潜水觅食常集大群，与其他潜鸭混群活动。

主要分布生境：红崖山水库、青土湖及农区周边季节性积水区域。

保护等级：

《中国物种红色名录》（2004）	无危
《世界自然保护联盟濒危物种红色名录》（2002）	无危
《有重要生态、科学、社会价值的陆生野生动物名录》（2021）	是

（33）赤嘴潜鸭 *Netta rufina*

形态：雄鸟体长54.7cm、翅长27.8cm、嘴峰5.2cm、尾长7.4cm、跗跖4.2cm。雄鸟嘴赤红；羽冠淡棕；头深栗色；上体大都棕褐，翼镜纯白色，下体黑褐，胁白色。雌鸟羽冠不著，上体淡棕褐；下体灰褐；嘴黑褐色。虹膜红棕色（雄），或棕褐色（雌）；嘴基红而前端较淡（雄），或灰褐色，外周粉红（雌）；跗跖淡黄褐色。色向下渐淡，黑纹变细；颏、喉及前颈均白，而杂以褐色点斑。雄鸟体躯背面黑褐，各羽具有棕黄色“v”形细斑和棕白色边缘，背以下的“v”形斑较短而不著。雌鸟两翅与雄性相似，但翼镜较小些；尾羽暗褐，而具白色狭边。下体与雄鸟相似，但两胁和下腹均无虫蠹状细斑，两胁具褐色“v”形粗斑，下腹微杂以淡褐色小圆斑；尾下覆羽白，而具有褐色轴纹。虹膜淡褐色；嘴黑色、下嘴较淡：跗跖棕褐，爪黑色。

生态：每年4～5月从南方飞至甘肃，9月后南迁，陆续途经甘肃省，为过路鸟。南返过境比其他鸭要早。

主要分布生境：红崖山水库、青土湖及农区周边季节性积水区域。

分布：保护区内见于红崖山保护站。

保护等级：

《中国物种红色名录》（2004）	无危
《世界自然保护联盟濒危物种红色名录》（2002）	无危
《有重要生态、科学、社会价值的陆生野生动物名录》（2021）	三有

（34）绿头鸭 *Anas platyrhynchos*

形态：雄成鸭全长57cm、翅长23cm、嘴峰5.3cm、尾长11cm、跗跖4.8cm。雄鸟的头、颈辉绿色；颈基有一白环；胸栗色；躯体背面大都黑褐；腹面灰白色；翼镜紫蓝色；中央两对尾羽绒黑色，末端向上卷曲。雌鸟上体黑褐，各羽具浅棕色宽边；下体浅棕色，杂以褐色斑点；翼镜同于雄鸟。虹膜棕褐色；雄鸟嘴橄榄绿色，嘴甲黑色；雌鸟嘴黑褐色，嘴端深棕黄色；跗跖橘红色（雄），或橙黄色（雌）。爪黑。

生态：栖居在水生植物繁茂的各种水域。常见于多苇草的湖泊或河流漫滩，也在开阔的水面单独、成对或结小群活动，很少鸣叫。

主要分布生境：红崖山水库、青土湖及农区周边季节性积水区域。

分布：保护区内见于黄岭保护站。

保护等级：

《中国物种红色名录》（2004）	无危
《世界自然保护联盟濒危物种红色名录》（2002）	无危
《有重要生态、科学、社会价值的陆生野生动物名录》（2021）	是

（35）绿翅鸭 *Anas crecca*

形态：体长34～38cm。雄鸟头至颈红棕色眼周再至颈侧具一条带金色边缘的绿色粗眼罩，翼收拢时可见白色羽毛上背、肩至胁部具黑白色鳞状细纹，尾下覆羽黑色呈三角形、边缘黑色的黄色斑块，翼镜墨绿色，具浅棕色上缘，其余体羽灰褐色。雌鸟通体棕褐色，头部颜色较浅并具深色贯眼纹、翼镜墨绿色。虹膜褐色；喙灰黑色；跗跖黑褐色。

生态：冬季栖息于河流、水库、湖泊、水田、池塘、沼泽等多样的水域，多集大群活动，常与其他河鸭混群。

主要分布生境：红崖山水库、青土湖及农区周边季节性积水区域。

保护等级：

《中国物种红色名录》（2004）	无危
《世界自然保护联盟濒危物种红色名录》（2002）	无危
《有重要生态、科学、社会价值的陆生野生动物名录》（2021）	是

（36）赤膀鸭 *Mareca strepera*

形态：体长45～57cm。雄鸟通体棕灰色，胸部密布黑白色鳞状细纹，翼黑色，具棕红色块斑，翼镜白色，尾下覆黑色。雌鸟通体浅褐色，但翼镜白色，体形较小，喙侧橘黄。幼鸟羽色似雌鸟而体色较深。虹膜褐色；喙雄鸟黑色，雌鸟边缘橙黄色；跗跖橙色。

生态：国内繁殖于东北和新疆，迁徙时经过华中和华东大部，越冬于长江以南水域、台湾。冬季多成群活动于淡水河流、湖泊和沼泽水域，喜多水生植物的生境，常与其他鸭类混群活动。

主要分布生境：红崖山水库、青土湖及农区周边季节性积水区域。

保护等级：

《中国物种红色名录》（2004）	无危
《世界自然保护联盟濒危物种红色名录》（2002）	无危
《有重要生态、科学、社会价值的陆生野生动物名录》（2021）	是

（37）针尾鸭 *Anas acuta*

形态：体长51～76cm。雄鸟头和后颈背棕褐色，前颈至胸白色，两胁具灰色细纹。下腹白色，翼镜绿色，上缘浅棕色，尾羽灰色，中央尾羽黑色且延长，尾下覆羽黑色，下腹近臀部白色。雌鸟棕褐色而具鳞状斑，喉和前颈颜色较均一，翼镜褐色，较其他鸭类颈部更细长且尾羽较尖。幼鸟羽色似雌鸟。虹膜黑褐色；雄鸟喙蓝灰色，雌鸟喙黑色；跗跖灰黑色。

生态：冬季常结成大群在沼泽、河流、湖泊等水域觅食，常与其他河鸭混群。

主要分布生境：红崖山水库、青土湖及农区周边季节性积水区域。

保护等级：

《中国物种红色名录》（2004）	无危
《世界自然保护联盟濒危物种红色名录》（2002）	无危
《有重要生态、科学、社会价值的陆生野生动物名录》（2021）	是

（38）斑嘴鸭 *Anas zonorhyncha*

形态：体长58～63cm。雌雄相似。普通亚种通体深褐色，头和前颈色浅而具深色贯眼纹和下颊纹，头顶深褐色并有皮黄色眉纹，上背和两胁有深褐色粗鳞状斑，翼镜蓝紫色。云南亚种体羽似国内常见的亚种，但无明显下颊纹，眉纹与脸颊颜色相同，翼镜绿色而非蓝紫色，翼镜前缘白色边明显更宽。幼鸟羽色似成鸟。虹膜褐色；喙灰黑色而尖端黄色；跗跖橘红色。

生态：中国最常见的野鸭之一，见于各种水域，常集群活动，多与其他河鸭混群。鸣声似绿头鸭而较粗。

主要分布生境：红崖山水库、青土湖及农区周边季节性积水区域。

保护等级：

《中国物种红色名录》（2004）	无危
《世界自然保护联盟濒危物种红色名录》（2002）	无危
《有重要生态、科学、社会价值的陆生野生动物名录》（2021）	是

（39）琵嘴鸭 *Anas clypeata*

形态：体长44～52cm。雌雄鸟均有大而长的喙，区别于其他鸭类。雄鸟头部深绿色，胸及翼下白色，胁部至腹部栗红色，尾白色，尾上覆羽及尾下覆羽黑色，翼上具大块蓝灰色斑，翼镜绿色，上缘白色。雌鸟通体棕褐色且具鳞状斑，贯眼纹深色，翼镜绿色。幼鸟羽色似雌鸟。雄鸟虹膜黄色，雌鸟虹膜褐色；雄鸟喙灰黑色，雌鸟喙黄色略带褐色，跗跖橘黄色。

生态：冬季多结成大群栖息于湖泊、河流、沿海、沼泽等开阔水域，喜多水生植物的生境，其特型喙有利于在浅水区觅食，常与较小型河鸭混群。

主要分布生境：红崖山水库、青土湖及农区周边季节性积水区域。

保护等级：

《中国物种红色名录》（2004）	无危
《世界自然保护联盟濒危物种红色名录》（2002）	无危
《有重要生态、科学、社会价值的陆生野生动物名录》（2021）	是

（40）斑头秋沙鸭 *Mergellus albellus*

形态：体长38～44cm。雄鸟体羽白色，具黑色眼罩，上背、项侧具黑色纹，初级飞羽及胸侧的狭窄条纹为黑色，体侧具灰色细纹。雌鸟顶至颈部栗褐色，眼周近黑，喉部至前颈白色，上体深灰色，下体白。幼鸟羽色似雌鸟。虹膜褐色；雄鸟喙黑色，雌鸟喙黑褐色，尖端黄色；跗跖橘红色。

生态：国内分布广泛，繁殖于东北、冬季南迁，于台湾岛为罕见冬候鸟。繁殖于树洞及沼泽区域，结小群越冬于开阔水域，潜水觅食。

主要分布生境：红崖山水库、青土湖及农区周边季节性积水区域。

保护等级：

《国家重点保护野生动物名录》（2021）	二级
《中国物种红色名录》（2004）	无危
《世界自然保护联盟濒危物种红色名录》（2002）	无危

（41）普通秋沙鸭 *Mergus merganser*

形态：体长58～68cm。雄鸟头部及上颈墨绿色而具光泽，上背黑色，翼上具大块白斑，体侧纯白色。雌鸟头及上颈棕色，上体灰色，下腹白色，两胁有不明显的灰色鳞状斑，颏和喉白色，翼镜白色。幼鸟羽色似雌鸟。虹膜暗褐色；喙基厚，尖端呈钩状，喙狭长且直，红色；跗跖红色。

生态：国内繁殖于新疆、内蒙古西部、东北地区和青藏高原，迁徙和越冬时见于国内大部地区，偶至台湾岛。栖息水域多样，冬季多结大群活动，潜水时间长，是体形最大、分布最广的秋沙鸭。

主要分布生境：红崖山水库、青土湖及农区周边季节性积水区域。

保护等级：

《中国物种红色名录》（2004）	无危
《世界自然保护联盟濒危物种红色名录》（2002）	无危
《有重要生态、科学、社会价值的陆生野生动物名录》（2021）	是

（42）鹊鸭 *Bucephala clangula*

形态：体长40～48cm。头圆而尖耸，眼金黄色。雄鸟头部墨绿色具金属光泽，喙基部具大块椭圆形白斑，上背黑色，翼具大块白斑，下颈、胸及下体白色。雌鸟头暗褐色，上背、胸和两胁灰褐色，颈下部白色形成环状。幼鸟羽色似雌鸟而虹膜黯淡，一龄鸟虹膜较成鸟更白。虹膜金黄色；雄鸟喙黑色，雌鸟喙黑褐色，尖端黄色；跗跖橘红色。

生态：冬季多结群栖息于湖泊、水库、海湾，潜水觅食。

主要分布生境：红崖山水库、青土湖及农区周边季节性积水区域。

保护等级：

《中国物种红色名录》（2004）	无危
《世界自然保护联盟濒危物种红色名录》（2002）	无危
《有重要生态、科学、社会价值的陆生野生动物名录》（2021）	是

（43）灰雁 *Anser anser*

形态：雄鸟头顶和后颈褐色；前额围绕嘴的基部有一条狭窄的白纹，在繁殖期常呈锈黄色，有时也不明显；背和两肩灰褐色，各羽均具棕白色边缘；腰灰色，羽端稍带褐色；腰侧白色；初级飞羽暗褐，羽轴近白，羽基灰色；初级覆羽灰色；次级飞羽黑褐；翅上其他覆羽与背略同，但稍暗些；尾上覆羽白色；尾羽褐色，羽端的白色由中央向两侧逐渐加宽，最外侧两对尾羽全白。头侧、颏和前颈均灰；胸和腹污白色，并缀以不规则的暗褐色斑块，由胸至腹逐渐增多；两胁淡灰褐色，羽端灰白；尾下覆羽纯白。雌雄羽色相似，但雌鸟体形较小。

生态：成对或成小群活动，常见于水生植物繁茂的沼泽或湖泊，也停游河湾和河滩，或游荡于明水区。以野草和种子为主要食物，兼食一些小虾、螺和少量鞘翅目昆虫。

主要分布生境：红崖山水库、青土湖及农区周边季节性积水区域。

保护等级：

《中国物种红色名录》（2004）	无危
《世界自然保护联盟濒危物种红色名录》（2002）	无危
《有重要生态、科学、社会价值的陆生野生动物名录》（2021）	是

（44）斑头雁 *Anser indicus*

形态： 体长71～76cm。雌雄相似。体色灰白，头白而枕后具两道黑色条纹为本种特征，前颈和后颈黑色至深灰色，背和胸腹灰色而具黑白色横纹，尾下覆羽白色。虹膜褐色；喙呈橘黄色，尖端黑；跗跖橙黄色。

生态： 国内繁殖于内蒙古东北部至新疆、西藏、青海以及甘肃、四川等地的高原湖泊，迁徙时见于中国西南适宜水域，越冬于西藏中南部至整个西南水域，偶至华北、华东及长江下游。栖息于高原的咸水及淡水水域，冬季集群活动于淡水湖泊、河流、水库等水域。

主要分布生境： 红崖山水库、青土湖及农区周边季节性积水区域。

保护等级：

《中国物种红色名录》（2004）	无危
《世界自然保护联盟濒危物种红色名录》（2002）	无危
《有重要生态、科学、社会价值的陆生野生动物名录》（2021）	是

（45）豆雁 *Anser fabalis*

形态：头、颈棕褐色；肩、背灰褐色，各羽边缘较淡，呈黄白色；腰黑褐色；翅上覆羽和三级飞羽与背同色；初级覆羽黑褐色，羽缘黄白色；初级和次级飞羽黑褐色，最外侧几枚飞羽的外羽片灰色；尾上覆羽纯白色；尾羽黑褐色，羽端白色。喉和胸淡棕褐色，两胁具灰褐色横斑；腹污白色；尾下覆羽白色。虹膜褐色；嘴甲圆形而具尖端，呈黑色，嘴基亦黑色，鼻孔前端与嘴甲之间有一黄色横斑，此斑于嘴的两侧缘向后延伸至嘴角，形成一条狭窄橙黄色带斑；脚橙黄色，爪黑色。

生态：在迁徙或越冬期，正是秋季农作物收获期或春季农作物播种期，如甘薯、小麦及蚕豆等生长的嫩叶、幼芽均为豆雁所喜吃的。

主要分布生境：红崖山水库、青土湖及农区周边季节性积水区域。

保护等级：

《中国物种红色名录》（2004）	无危
《世界自然保护联盟濒危物种红色名录》（2002）	无危
《有重要生态、科学、社会价值的陆生野生动物名录》（2021）	是

（46）大天鹅 *Cygnus cygnus*

形态：成鸟（繁殖羽）雌雄同色，雌略小于雄；全身洁白，仅头稍沾棕黄色。虹膜暗褐色；嘴黑，上嘴基部两侧的黄斑前伸至鼻孔之下；跗跖、蹼、爪均黑色。

生态：大天鹅常栖居于多芦苇的大型湖泊中，食料较丰富的池塘、水库里也常见到它们的踪迹。食物主要有水生植物的种子、茎、叶和杂草种子，也兼食少量的软体动物、水生昆虫和蚯蚓等。

主要分布生境：红崖山水库、青土湖及农区周边季节性积水区域。

保护等级：

《国家重点保护野生动物名录》（2021）	二级
《中国物种红色名录》（2004）	近危
《世界自然保护联盟濒危物种红色名录》（2002）	无危
《中国濒危动物红皮书》（1998）	易危

（八）鸊鷉目 PODICIPEDIFORMES

15. 鸊鷉科 Podicipedidae

（47）凤头鸊鷉 *Podiceps cristatus*

形态：体长46～51cm的大型鸊鷉。雌雄相似。繁殖羽头部具显眼的黑褐色羽冠，脸、眼先及颏白色，脸侧至上颈具栗红色至黑褐色的饰羽，颈较其他鸊鷉长，前颈至胸及腹部白色，背部黑褐色，体侧棕褐色。非繁殖羽色浅，褪去栗红色，整体显得甚白，脸部变为白色或皮黄色，黑褐色的羽冠依然可见，胁部亦发白。虹膜红色；喙粉红色，繁殖期略显黯淡；跗跖深褐色。

生态：国内广布于各地，于黄河以南大部地区越冬。习性类似其他鸊鷉。

主要分布生境：红崖山水库、青土湖及农区周边季节性积水区域。

保护等级：

《中国物种红色名录》（2004）	无危
《世界自然保护联盟濒危物种红色名录》（2002）	无危
《有重要生态、科学、社会价值的陆生野生动物名录》（2021）	是

（48）黑颈䴙䴘 *Podiceps nigricollis*

形态：体长28～34cm的中型䴙䴘。雌雄相似。繁殖羽头、颈、胸、上背黑色，眼后至头后侧具金黄色簇状饰羽，体后侧红褐色，腹部白色。非繁殖羽色浅，褪去黑色，头部的黑白色分界模糊，头顶的黑色延伸渲染至眼下及脸部，颏、喉及耳羽白色，眼后无饰羽，后颈至背部黑褐色，前颈至胸腹白色。虹膜红色；喙黑色，喙尖微翘；跗跖灰黑色。

生态：国内繁殖于新疆西北部、内蒙古及东北，过境经过东部大部地区，越冬于长江中下游地区及东南沿海。习性类似其他䴙䴘，冬季常结成数百只的大群，协作觅食。

主要分布生境：红崖山水库、青土湖及农区周边季节性积水区域。

保护等级：

《国家重点保护野生动物名录》（2021）	二级
《中国物种红色名录》（2004）	无危
《世界自然保护联盟濒危物种红色名录》（2002）	无危

（49）小䴙䴘 *Tachybaptus ruficollis*

形态：体长23～29cm的小型䴙䴘。雌雄相似。繁殖羽头部黑褐色，脸部至颈部栗红色，喙基有一显眼的黄白色斑块，胸部、背部黑褐色，胁部至腹部褐色逐渐变浅。非繁殖羽色浅，褪去栗红色和黑褐色，整体转为浅褐色，头部和背部色略深，其余部位浅褐色或皮黄色。虹膜黄白色；喙黑色，喙尖色浅；跗跖灰蓝色。

生态：适应各种水体，繁殖期多单独活动，非繁殖期常结成分散小群活动。善于潜水觅食，育雏时会将雏鸟驮在背上。

主要分布生境：红崖山水库、青土湖及农区周边季节性积水区域。

保护等级：

《中国物种红色名录》（2004）	无危
《世界自然保护联盟濒危物种红色名录》（2002）	无危
《有重要生态、科学、社会价值的陆生野生动物名录》（2021）	是

（九）鸨形目 OTIDIFORMES

16. 秧鸡科 Rallidae

（50）白骨顶 *Fulica atra*

形态：中型游禽，像小野鸭，常在开阔水面上游泳。全体灰黑色，具白色额甲，趾间具瓣蹼。成鸟两性相似，头具白色额甲，端部钝圆，雌鸟额甲较小。头和颈纯黑、辉亮，上体余部及两翅石板灰黑色，向体后渐沾褐色。初级飞羽黑褐色，第1枚初级飞羽外翈边缘白色，内侧飞羽羽端白色，形成明显的白色翼斑。下体浅石板灰黑色，胸、腹中央羽色较浅，羽端苍白色；尾下覆羽黑色。虹膜红褐色。嘴端灰色，基部淡肉红色。腿、脚、趾及瓣蹼橄榄绿色，爪黑褐色。

生态：栖息于有水生植物的大面积静水或近海的水域，常成群活动，善游泳，杂食性。

主要分布生境：红崖山水库、青土湖及农区周边季节性积水区域。

保护等级：

《中国物种红色名录》（2004）	无危
《世界自然保护联盟濒危物种红色名录》（2002）	无危
《有重要生态、科学、社会价值的陆生野生动物名录》（2021）	是

（51）黑水鸡 *Gallinula chloropus*

形态：中型涉禽。全体大致黑色。嘴黄绿色，上嘴基至额甲鲜红色，额甲端部圆形。尾下覆羽两侧白色，中间黑色，游泳时尾向上翘露出尾下两块白斑，十分明显。胫跗关节上方具红色环带。两性相似，雌鸟稍小。额甲鲜红色，端部圆形。头、颈及上背灰黑色，下背、腰至尾上覆羽和两翅覆羽暗橄榄褐色。飞羽和尾羽黑褐色，第1枚初级飞羽外翈及翅缘白色。下体灰黑色，向后逐渐变浅，羽端微缀白色；下腹羽端白色较大，形成黑白相杂的块斑；两胁具宽的白色条纹；尾下覆羽中央黑色，两侧白色。翅下覆羽和腋羽暗褐色，羽端白色。虹膜红色。嘴黄绿色，嘴基鲜红色。胫的裸出部前方和两侧橙红色，后面暗红褐色。跗跖前面黄绿色，后面及趾石板绿色。爪黄褐色。

生态：栖息在有挺水植物的淡水湿地、水域附近的芦苇丛、灌木丛、草丛、沼泽和稻田中。不耐寒，善于游泳和潜水，不善飞翔，非繁殖期有群聚现象。杂食性。

主要分布生境：红崖山水库、青土湖及农区周边季节性积水区域。

保护等级：

《中国物种红色名录》（2004）	无危
《世界自然保护联盟濒危物种红色名录》（2002）	无危
《有重要生态、科学、社会价值的陆生野生动物名录》（2021）	是

三 鸟纲 AVES

（十）鲣鸟目 SULIFORMES

17. 鸬鹚科 Phalacrocoracidae

（52）普通鸬鹚 *Phalacrocorax carbo*

形态：体长 72～87cm。雌雄相似。繁殖羽头部、顶部和羽冠青绿色，具显著的白色丝状羽，黄色喙基较钝；胸部、腹部青绿色；背部、两翼铜褐色，羽缘暗褐色；胁部具白色块；青色尾羽较短，为圆形。非繁殖羽头部、颈部无白色丝状羽，两胁无白色斑块。似绿背鸬鹚，识别见相应种描述。虹膜青绿色；喙灰黑色，下喙基黄色；跗跖黑色。

生态：国内广布，多为北方地区夏候鸟，南方地区冬候鸟或留鸟。常栖息于河流、湖泊、池塘、水库、河口等地带。集群活动，善游泳和潜水。

主要分布生境：红崖山水库、青土湖及农区周边季节性积水区域。

保护等级：

《中国物种红色名录》（2004）	无危
《世界自然保护联盟濒危物种红色名录》（2002）	无危
《有重要生态、科学、社会价值的陆生野生动物名录》（2021）	是

（十一）鹳形目 CICONIIFORMES

18. 鹳科 Ciconiidae

（53）黑鹳 *Ciconia nigra*

形态：体长95～105cm。雌雄相似。成鸟眼周、喙和跗跖鲜红，整体大致呈黑色，带紫绿色辉光，仅腹部至尾下覆羽白色。飞行时黑色的两翼和白色的下体形成显著对比，易识别。幼鸟羽色较为黯淡，喙及跗跖暗红褐色，体羽偏灰褐色，欠缺光泽。虹膜黑褐色。

生态：觅食于开阔湿地、池塘、湖泊及河口，筑巢于悬崖壁或高树，越冬于开阔水域或平原，有时以家庭结群活动，常乘热气流在高空盘旋。幼鸟发出特殊的喉音，成鸟飞行时发出悦耳的哨音，非繁殖季节通常安静无声。

主要分布生境：红崖山水库、青土湖及农区周边季节性积水区域。

分布：保护区内见于红崖山保护站。

保护等级：

《国家重点保护野生动物名录》（2021）	一级
《中国物种红色名录》（2004）	无危
《世界自然保护联盟濒危物种红色名录》（2002）	无危
《中国濒危动物红皮书》（1998）	濒危
《濒危野生动植物种国际贸易公约》（2019）	附录Ⅱ

（十二）鹤形目 GRUIFORMES

19. 鹤科 Gruidae

（54）灰鹤 *Grus grus*

形态：大型涉禽，全长约110cm。两性体形相似，雌鹤略小。成鸟前额和眼先黑色，被有稀疏的黑色毛状短羽，冠部几乎无羽，裸出的皮肤为红色。眼后有一白色宽纹穿过耳羽至后枕，再沿颈部向下到上背，身体其余部分为石板灰色，在背、腰灰色较深，胸、翅灰色较淡，背常沾有褐色。喉、前颈和后颈灰黑色。初级飞羽、次级飞羽端部、尾羽端部和尾上覆羽为黑色；三级飞羽灰色，先端略黑，且延长弯曲成弓状，其羽端的羽枝分离成毛发状。幼鸟体羽已呈灰色但羽毛端部为棕褐色，冠部被羽，无下垂的内侧飞羽；第二年头顶开始裸露，仅被有毛状短羽，上体仍留有棕褐色的旧羽。虹膜红褐色；嘴黑绿色，端部沾黄；腿和脚灰黑色。

生态：主要栖息在河流、湖泊、水库或海岸附近，常到农田中觅食，会到河漫滩、沼泽地或海滩夜宿。杂食性，但以植物为主，包括根、茎、叶、果实和种子，夏季也吃昆虫、蚯蚓、蛙、蛇、鼠等。

主要分布生境：红崖山水库、青土湖及农区周边季节性积水区域。

保护等级：

《国家重点保护野生动物名录》（2021）	二级
《中国物种红色名录》（2004）	无危
《世界自然保护联盟濒危物种红色名录》（2002）	无危
《濒危野生动植物种国际贸易公约》（2019）	附录Ⅱ

（55）蓑羽鹤 *Anthropoides virgo*

形态：两性相似。全体蓝灰色，额灰黑，头顶灰色，眼先、头侧、颏、喉和前颈黑色，前颈的黑色蓑羽悬垂于前胸，长约17cm 。耳羽白色，向后头延伸长约6cm。背至尾上覆羽灰色，背羽及翅上覆羽具白色羽干纹。尾羽灰褐色。初级飞羽、次级飞羽和初级覆羽黑色，三级飞羽灰褐色，羽端黑色。内侧次级飞羽和三级飞羽延长，覆盖在尾上，常超过尾羽14cm以上。翅下覆羽及尾下覆羽灰色。虹膜红色，嘴橄榄灰色，先端淡黄略沾红色，脚黑色。

生态：生活在北方开阔的草原地区，也在芦苇沼泽、苇塘、湖泊、河流等湿地周围或农田中活动。杂食性，主要食物有植物的种子、根、茎、叶和鱼、蛙、野鼠等小型动物以及昆虫。

主要分布生境：红崖山水库、青土湖及农区周边季节性积水区域。

保护等级：

《国家重点保护野生动物名录》（2021）	二级
《中国物种红色名录》（2004）	无危
《世界自然保护联盟濒危物种红色名录》（2002）	无危
《濒危野生动植物种国际贸易公约》（2019）	附录Ⅱ
《中国濒危动物红皮书》（1998）	未定

（十三）鸻形目 CHARADRIIFORMES

20. 鸻科 Charadriidae

（56）凤头麦鸡 *Vanellus vanellus*

形态：雄鸟头顶具黑色长形羽冠；前额至头顶蓝黑色；眼先、眉纹和眼圈淡棕白色，颊部染黑；后颈灰棕至上背逐渐变为灰褐色；背、肩和内侧飞羽表面金翠绿色，肩渲染紫红色；翅上小覆羽黑蓝绿色，闪耀绿辉；飞羽黑色，第1～3枚羽端白而缘以灰褐色；尾上覆羽棕栗色；尾羽基部白色，次端斑黑色，先端灰白色；颏、喉白色；上胸具金属闪光的黑色带斑；下体余部白色；腋羽及翅下覆羽白色；尾下覆羽淡棕红色。繁殖羽与非繁殖羽相似，惟颊部、颏、喉部为黑色。雌鸟与雄鸟相似，但羽冠稍短，体羽较雄鸟少蓝紫色。虹膜暗褐色。嘴黑色。跗跖及趾橙栗褐色或暗红色。后趾弱小。

生态：栖息于水域附近的沼泽、草地、水田、旱田、河滩和盐碱地等。迁飞时常结成大群，可达数百只。飞行姿势似蝶状，振翅比较缓慢。冬季喜欢在麦地、菜地、豆地和绿肥田中觅食。食物以昆虫、软体动物、杂草种子和叶片等为主。

主要分布生境：红崖山水库、青土湖及农区周边季节性积水区域。

保护等级：

《中国物种红色名录》（2004）	无危
《世界自然保护联盟濒危物种红色名录》（2002）	无危
《有重要生态、科学、社会价值的陆生野生动物名录》（2021）	是

（57）灰头麦鸡 *Vanellus cinereus*

形态：体长32～36cm的中型鹬。雌雄相似。成鸟整体灰色。头部、背部灰色，胸部灰色具黑色胸带，下腹白色；幼鸟似成鸟但整体褐色，且无黑色胸带。飞行时翼端较尖，初级飞羽黑色。虹膜红色；喙黄色，喙尖黑色；跗跖黄色。

生态：常栖息于平原草地、沼泽、河滩以及农田地带。

主要分布生境：红崖山水库、青土湖及农区周边季节性积水区域。

保护等级：

《中国物种红色名录》（2004）	无危
《世界自然保护联盟濒危物种红色名录》（2002）	无危
《有重要生态、科学、社会价值的陆生野生动物名录》（2021）	是

（58）金眶鸻 *Charadrius dubius*

形态：雄鸟（繁殖羽）额基的细黑纹经眼先和眼周伸至耳羽，形成黑色穿眼纹；前额与眼上的眉纹白色，头顶前部有一宽阔黑斑，其后有一狭细的白纹。头顶后部、枕部及上体主要呈灰砂褐色。后颈的白色与颏、喉部的白色相连，其后缘以黑色并下延至胸部，形成宽阔完整的黑色领圈。初级飞羽黑褐色；次级飞羽和覆羽与背同色，大覆羽端缘白色；腰和尾上覆羽的灰褐色较浅淡，中央尾羽灰褐，近端渲染黑色；外侧尾羽亦灰褐，具白色端斑及黑色次端斑；最外侧尾羽白色仅在内翈有一黑褐色块斑。除了胸部的黑色颈圈，下体余部为白色。腋羽和翼下白色。雌鸟（繁殖羽）显然不如雄鸟那么黑白分明。黑色的胸带沾染褐色。金黄色的眼圈比较细，不如雄鸟那么显著。成鸟（非繁殖羽）白色的前额和眉纹沾染土黄色；头顶、枕部、胸带弥漫着陈旧的黄褐色。但冬季换羽之后很快恢复鲜亮的繁殖羽色。亚成鸟如同成鸟的非繁殖羽，前额和眉纹浅黄色。头顶没有黑带，呈灰褐色。上体的沙褐色具黄色羽缘。胸带棕黄色，常在胸前断开。虹膜暗褐色；眼先金黄色，形成金黄色的眼圈（成鸟）；或者是淡黄色（亚成鸟）。嘴形直且较细，黑色，下嘴基部略有一点黄色；腿和脚橙黄色或淡粉红色（繁殖期），黄色（亚成体）。爪黑褐色。

生态：多单个或成对活动于近水的草地、盐碱滩、多砾石的河滩、沼泽和水田等地。常急速奔跑一段距离后，稍事停息，再向前快速奔走。主要以动物性食物为食，亦吃少量草籽等植物性食物。

主要分布生境：红崖山水库、青土湖及农区周边季节性积水区域。

保护等级：

《中国物种红色名录》（2004）	无危
《世界自然保护联盟濒危物种红色名录》（2002）	无危
《有重要生态、科学、社会价值的陆生野生动物名录》（2021）	是

（59）蒙古沙鸻 *Charadrius mongolus*

形态：额前白色；头顶前部具黑色条带，与眼先、眼下方、眼后方及耳区的黑色相连。眉斑白色或染栗色。头顶的栗红色带灰；头顶后部和后头灰褐色，多少有些棕色沾染。上体灰褐色；尾上覆羽浅灰色，羽末端灰白色。尾羽黑褐色，最外侧尾羽的外侧近于灰白色。翼上覆羽灰褐色，大覆羽的末端白色。颏和喉白色；后颈、颈侧、上胸、下胸侧面棕红色。前颈或具一狭细的黑色领环，将前颈的白色与胸部的棕红色隔开。下体余部白色。虹膜暗褐色。嘴黑色。腿与脚紫黑色，爪黑褐色。

生态：栖息于河口三角洲、水田、盐田，繁殖季节见于内陆高原的河流、沼泽、湖泊附近的耕地、沙滩、戈壁和草原等。5～8月繁殖，在砾石滩或沙地上营巢。窝卵数多为3枚，孵化期22～24天。冬季结大群或混合群活动，以软体动物和昆虫为食。

主要分布生境：植物和雨水稀少、空气干燥的荒芜地区或裸岩及季节性积水区、农区周边。

保护等级：

《中国物种红色名录》(2004)	无危
《世界自然保护联盟濒危物种红色名录》(2002)	无危
《有重要生态、科学、社会价值的陆生野生动物名录》(2021)	是

（60）环颈鸻 *Charadrius alexandrinus*

形态：雄鸟（繁殖羽）额前和眉纹白色；头顶前部具黑色斑，且不与穿眼黑褐纹相连。头顶后部、枕部至后颈沙棕色或灰褐色。后颈具一条白色领圈。上体余部，包括背、肩、翅上覆羽、腰、尾上覆羽灰褐色，腰的两侧白色。飞羽黑褐色，羽干白色；内侧的初级飞羽外翈基部白色，与次级飞羽的白色末梢一起构成白色翅斑（飞行时可见）。两侧尾羽白色，中央尾羽黑褐色，向端部渐黑。下体，包括颏、喉、前颈、胸、腹部白色，只在胸部两侧有独特的黑色斑块。翼下覆羽和腋羽白色。雌鸟（繁殖羽）缺少黑色，在雄性是黑色的部分，在雌性则被灰褐色或褐色所取代。非繁殖羽（冬羽）同繁殖期的雌鸟一样暗淡，头部缺少黑色和棕色，胸侧的块斑为浅淡的灰褐色，面积明显缩小。幼鸟形态与非繁殖期的成鸟相似，但额前和眉纹浅黄色，胸斑萎缩，弥漫黄褐色。头顶前部无黑褐色带斑；上体布满黄色鳞片状斑纹。虹膜暗褐；嘴纤细，黑色。跗跖稍黑，有时为淡褐色或者黄褐色。爪黑褐色。

生态：通常单独或者3～5只集群活动于内陆的河岸沙滩、沼泽草地、湖滨、盐碱滩和近水的荒地。迁徙期集群活动，有时与其他小型鸻鹬类结群觅食。4～7月为繁殖期。

主要分布生境：植物和雨水稀少、空气干燥的荒芜地区或裸岩及季节性积水区、农区周边。

保护等级：

《中国物种红色名录》（2004）	无危
《世界自然保护联盟濒危物种红色名录》（2002）	无危
《有重要生态、科学、社会价值的陆生野生动物名录》（2021）	是

21.鹬科 Scolopacidae

（61）红脚鹬 *Tringa totanus*

形态：眼先黑褐色，隐约有暗色穿眼纹；眼圈白色。头、上背、肩羽和三级飞羽灰褐色或黄褐色，具黑色或黑褐色斑。翼面灰褐色或有细的白色羽缘。下背至腰纯白色；尾上覆羽和尾羽白色，具黑褐色横斑。初级飞羽黑褐色，但内侧儿枚端缘白色；次级飞羽纯白色。下体白色或污白色，前颈、胸满布黑褐色羽干纹，在两胁处转为横斑。尾下覆羽散布稀疏的黑褐色纵纹。翅下覆羽和腋羽纯白。雌雄相似。虹膜黑褐色。嘴长适中，嘴峰的长度稍大于头长（嘴基至枕后）；嘴端黑色，基部红或橘红色。成鸟下胫、跗跖及趾橘红色，繁殖期则呈暗红色或橘黄色而亚成鸟下胫、跗跖及趾呈橘黄色；爪黑色。

生态：多成对或集群栖于杂草丛生的沼泽、小溪、湖边、河岸水塘附近。觅食鱼、虾、水生昆虫等。

主要分布生境：红崖山水库、青土湖及农区周边季节性积水区域。

保护等级：

《中国物种红色名录》（2004）	无危
《世界自然保护联盟濒危物种红色名录》（2002）	无危
《有重要生态、科学、社会价值的陆生野生动物名录》（2021）	是

（62）青脚鹬 *Tringa nebularia*

形态：额基白色，缀少许小的模糊的褐色斑点。头及后颈羽缘白色，满布黑褐色与白色相杂的纵纹。上背和肩灰褐色，羽干纹黑，羽缘白色，自缘之内又有一模糊的黑色次端斑。下背、腰和短的尾上覆羽纯白，最长的几枚尾上覆羽具暗褐色横斑。翅上覆羽暗灰褐色，大覆羽和中覆羽的羽干纹黑色并具白色细缘。尾羽白色，中央尾羽具暗褐色波形横斑，并染淡棕色；外侧几枚尾羽内翈纯白色，外翈缘黑褐色斑纹。眼先、面颊、前颈、胸侧白色而杂黑褐色细纹；下体包括颏、喉、胸、腹及尾下覆羽纯白色。翅下覆羽和腋羽白色，具黑褐色波形横斑。雌雄相似，雌性略大。虹膜暗褐色。嘴基部为蓝灰色或暗绿色，端部黑色，略向上翘。腿青灰色、灰绿色或灰黄绿色，爪暗褐色。

生态：以水生昆虫、螺、虾、小鱼及水生植物为食。

主要分布生境：红崖山水库、青土湖及农区周边季节性积水区域。

保护等级：

《中国物种红色名录》（2004）	无危
《世界自然保护联盟濒危物种红色名录》（2002）	无危
《有重要生态、科学、社会价值的陆生野生动物名录》（2021）	是

（63）白腰草鹬 *Tringa ochropus*

形态：头、颈、背至腰羽及翅上覆羽暗橄榄褐色，并闪铜褐色光泽；背、肩及三级飞羽的羽缘缀淡皮黄色白色点斑。下腰至尾上覆羽亮白色；尾羽白，端部具3～4条黑褐色横斑，由中央尾羽向外侧备尾羽的横斑逐渐稀疏，最外侧尾羽仅在外翈具一黑色斑点。由嘴基至眼上方有一短的白色眉纹，其长度不超过眼；眼圈白色；眼先的暗色线条在眼后不明显。颏、颈侧和上胸满布白色与深褐色相间的条纹；颏与喉白色。翼下、胸侧及两胁黑褐色并具细的白色横斑。下胸至尾下覆羽纯白色。两性相似，雌性略大。虹膜暗褐色。嘴较短而直，端部黑，基部暗绿色。腿黄绿色或暗绿色；爪黑褐色。

生态：喜在高山溪流、河滩、水田、水库边缘、沼泽觅食。多单只或成对活动。食物有蜻蜓幼虫、蚊子等多种昆虫，也食软体动物、甲壳类和杂草籽。

主要分布生境：红崖山水库、青土湖及农区周边季节性积水区域。

保护等级：

《中国物种红色名录》（2004）	无危
《世界自然保护联盟濒危物种红色名录》（2002）	无危
《有重要生态、科学、社会价值的陆生野生动物名录》（2021）	是

（64）林鹬 *Tringa glareola*

形态：成鸟（繁殖羽）头顶、后颈、上背及翅上覆羽、三极飞羽均暗褐色，羽干纹黑色，羽缘具棕白色或白色点斑。飞羽黑褐，第1枚初级飞羽的羽干白色；次级飞羽端缘白色。腰下和尾上覆白色，最长几枚尾上覆羽具褐色横斑。尾羽满布黑褐色和白色相间的横斑。眉纹白色，眼先黑褐。颊、颈侧和胸部淡灰白色，具模糊的浅褐色条纹。颏、喉和腹部白色；腋羽、翼下覆羽白色，有时杂灰褐色斑纹。两性相似，雌性略大。虹膜暗褐色。嘴短直，端部黑色，基部黄绿色或墨绿色。腿黄色、绿色或褐绿色，爪黑色。

生态：多单只活动于河滩、沼泽、水库、池塘边缘，有时也见于稻田。觅食水生昆虫、蠕虫、虾，也吃部分植物。

主要分布生境：红崖山水库、青土湖及农区周边季节性积水区域。

保护等级：

《中国物种红色名录》（2004）	无危
《世界自然保护联盟濒危物种红色名录》（2002）	无危
《有重要生态、科学、社会价值的陆生野生动物名录》（2021）	是

（65）鹤鹬 *Tringa erythropus*

形态：成鸟（繁殖羽）头、颈及上体黑色；肩、翼上覆羽、三级飞羽具白色羽端和羽缘。背和腰白色，下腰和尾上覆羽具黑白相间的斑纹。尾羽灰黑色，具白色的细横斑。飞羽多为黑色，次级飞羽和内侧几枚初级飞羽具白色缺刻或点斑；外侧初级飞羽羽干白色。腋羽、翅下覆羽纯白色。雌雄相似，但雌性不如雄性黑，体羽多白色或灰白色斑点，尾下白色。虹膜黑褐色。嘴黑色，下喙基部暗红（繁殖期）或粉红色（非繁殖期）。跗跖黑红色（繁殖期）或橘红色（非繁殖期），爪黑褐色。

生态：鹤鹬喜在沼泽或水域浅水处活动。以各种水生昆虫、幼虫、软体动物、甲壳动物、鱼和虾为食。

主要分布生境：红崖山水库、青土湖及农区周边季节性积水区域。

保护等级：

《中国物种红色名录》（2004）	无危
《世界自然保护联盟濒危物种红色名录》（2002）	无危
《有重要生态、科学、社会价值的陆生野生动物名录》（2021）	是

（66）矶鹬 *Actitis hypoleucos*

形态：成鸟头、后颈、背至尾上覆羽及翅上覆羽、三级飞羽均橄榄褐色，闪古铜色光泽，并具纤细的黑色羽干纹；背、肩和三级飞羽近端部具黑褐色横斑，羽缘淡棕白色；大覆羽末端具宽阔白缘；飞羽黑褐色，内侧初级飞羽内翈和次级飞羽基部白色，端缘亦白色，形成翅下白斑；中央尾羽橄榄褐色，端缘缀黑褐色横斑，外侧尾羽白色，亦具宽阔黑褐色横斑。颏、喉及眉纹白色；眼先灰褐，颊部、耳羽、颈侧和胸侧灰褐色，有暗褐色纤细条纹；胸部下缘的暗色平齐；翼角前缘具特殊的白色斑。下胸、腹至尾上覆羽和腋羽纯白色。虹膜暗褐色。嘴黑褐色。跗跖和趾淡黑绿色，爪黑色。

生态：栖息于高山溪流、河流、湖泊、水库、池塘等的近岸浅滩、水田和沼泽地。常单只或3～5只结小群活动。以水生昆虫、蠕虫、小鱼、水藻为食。

主要分布生境：红崖山水库、青土湖及农区周边季节性积水区域。

保护等级：

《中国物种红色名录》（2004）	无危
《世界自然保护联盟濒危物种红色名录》（2002）	无危
《有重要生态、科学、社会价值的陆生野生动物名录》（2021）	是

（67）丘鹬 *Scolopax rusticola*

形态：体长32～42cm。雌雄相似。整体棕红色，似沙锥，但体形较大，喙部较短。头顶棕褐色，具3～4道近黑色粗横纹；胸腹部黄褐色，具较窄的黑色横纹；背部、两翼、腰部、尾上覆羽锈红色；尾具黑色次端斑及褐色端斑。虹膜深褐色；喙端黑色，喙基偏粉色；跗跖粉灰色。

生态：在我国北方地区为夏候鸟，南方地区冬候鸟，迁徙时经过我国中部地区。常栖息于阔叶林和混交林，有时亦见于林间沼泽、林缘灌丛地带；多夜间活动。

主要分布生境：红崖山水库、青土湖及农区周边季节性积水区域。

保护等级：

《中国物种红色名录》（2004）	无危
《世界自然保护联盟濒危物种红色名录》（2002）	无危
《有重要生态、科学、社会价值的陆生野生动物名录》（2021）	是

(68) 扇尾沙锥 *Gallinago gallinago*

形态：两性相似。头顶暗褐色，中央冠纵纹、眉纹和面颊淡黄色；耳区有上下两条暗线：一条是贯眼纹，另一条是颊纹。背部和上腰的黑色成分较其他沙锥浓著。肩羽和三级飞羽外翈边缘黄白色，形成4条宽的黄色纵带。翼上覆羽黄褐色，多淡色羽缘和斑点。大覆羽与内侧初级覆羽的白色末梢形成白色的翼线。尾羽黑褐色，近端部红栗色，尖端白色；在白与红栗色之间有一黑褐色横条纹。颏、喉淡黄色；颈、上胸黄褐色，密布褐色斑纹。腹部白色，两胁和腋下有黑褐色横斑纹。翼下有白色亮区，缀少量褐色斑纹。虹膜深褐色；嘴基黄褐色或红褐色，端部黑褐色或黑色。腿灰绿或黄绿色，爪黑色。

生态：栖息于山地溪流、沼泽、滩地、近水草地、芦苇丛和稻田里。常隐身于枯草丛中，因羽色条纹酷似枯草，极难被发现。飞行急速，常直上直下快速翻飞。觅食时主要用细长的嘴啄食泥土中的软体动物、昆虫幼虫和蠕虫等。

主要分布生境：植物和雨水稀少、空气干燥的荒芜地区或裸岩地区及季节性积水区。

保护等级：

《中国物种红色名录》(2004)	无危
《世界自然保护联盟濒危物种红色名录》(2002)	无危
《有重要生态、科学、社会价值的陆生野生动物名录》(2021)	是

（69）孤沙锥 *Gallinago solitaria*

形态： 体长26～32cm。雌雄相似。整体棕红色。棕红色头顶两侧有少许深色条纹，眉纹白色，贯眼纹棕红色；肩胛具白色羽缘，胸部棕红色少斑纹；腹部多白色具红褐色横纹。飞行时翼下和次级飞羽后缘无白色，趾不及尾后。虹膜深褐色；喙端深褐色，喙基黄绿色；跗跖橄榄色。

生态： 为我国东北、西北地区的夏候鸟，华北、华南、西南地区的冬候鸟。栖息于山地森林中的河流、水塘岸边以及林中沼泽地带。

主要分布生境： 红崖山水库、青土湖及农区周边季节性积水区域。

保护等级：

《中国物种红色名录》(2004)	无危
《世界自然保护联盟濒危物种红色名录》(2002)	无危
《有重要生态、科学、社会价值的陆生野生动物名录》(2021)	是

22. 反嘴鹬科 Recurvirostridae

（70）黑翅长脚鹬 *Himantopus himantopus*

形态：雄鸟前额、眼先和面颊白色。由头顶向后为黑色，个体间羽色有差异；后颈与上背之间白色；背、肩及两翼黑色，闪绿色金属光泽；腰至尾上覆羽白色。尾羽灰白或浅灰褐色；下体包括颏、喉、前颈、胸和腹部皆为纯白色。雌鸟与雄鸟相似。头顶向后为黑褐色，背、肩及两翼呈黑褐色。但飞羽依然是黑色；头和后颈白色或淡灰褐色，个体变化较多。虹膜朱红色。嘴黑色，下嘴基部肉褐色。胫下裸露（长度7～8cm），粉红色。跗跖及趾粉红色；爪黑色。

生态：多结小群活动，时有近百只的集群。多在内陆平原地区的河畔、稻田以及湖沼边缘活动。以水生昆虫、软体动物、蠕虫以及水生植物种子为食。

主要分布生境：红崖山水库、青土湖及农区周边季节性积水区域。

保护等级：

《中国物种红色名录》（2004）	无危
《世界自然保护联盟濒危物种红色名录》（2002）	无危
《有重要生态、科学、社会价值的陆生野生动物名录》（2021）	是

(71)反嘴鹬 *Recurvirostra avosetta*

形态：自额、头顶、枕至后颈上部黑色；后颈下部、背、腰、尾上覆羽和尾羽白色，中央尾羽或染灰色。外侧6～7枚初级飞羽黑色；次级飞羽和内侧初级飞羽白色。肩羽大部分黑色；翼上中覆羽和外侧小覆羽也为黑色。面颊、颏、喉至前颈及胸、腹部全部为白色。亚成鸟同成鸟相似，只是黑色区域转为暗褐色或灰褐色。上体的白色部分沾染灰褐色或淡黄色。虹膜褐色。嘴黑色，细长，明显向上翘起。腿和脚蓝灰色。在中趾与内趾间有较发达的凹蹼。

生态：栖息于平原和荒漠地区的湖泊浅滩、沼泽草地、盐泽、水田、鱼塘等。觅食时嘴在水中左右扫动。食物包括昆虫、软体动物、甲壳类等小型无脊椎动物。

主要分布生境：红崖山水库、青土湖及农区周边季节性积水区域。

保护等级：

《中国物种红色名录》(2004)	无危
《世界自然保护联盟濒危物种红色名录》(2002)	无危
《有重要生态、科学、社会价值的陆生野生动物名录》(2021)	是

23. 燕鸻科 Glareolidae

（72）普通燕鸻 *Glareola maldivarum*

形态：整个上体除尾上覆羽白色外，概呈橄榄褐色或灰褐色，略闪铜绿色光辉。初级飞羽黑色，第1枚初级飞羽的羽干稍白；三级飞羽与背同色。尾羽端部黑色，基部白色，外侧尾羽基部的白色逐渐扩大。最外侧尾羽最长，形成叉尾状。眼先黑色，向下至喉部形成一黑环，其内缘沾白色。颏、喉污白沾淡赭色，上胸和两胁多灰褐色，下胸渲染棕色，向后逐渐变淡。腹部、肛周及尾下覆羽纯白。腋羽和翼下覆羽栗棕色。冬羽较夏羽稍淡，颈前的黑环不明显。虹膜褐色。嘴黑色，嘴角呈红色。腿黑灰色。

生态：栖息于河床、耕地、沼泽、河口、稻田和草地等。喜欢集群。

主要分布生境：红崖山水库、青土湖及农区周边季节性积水区域。

保护等级：

《中国物种红色名录》(2004)	无危
《世界自然保护联盟濒危物种红色名录》(2002)	无危
《有重要生态、科学、社会价值的陆生野生动物名录》(2021)	是

24. 鸥科 Laridae

（73）渔鸥 *Larus ichthyaetus*

形态：成鸟体长68cm。成鸟夏羽，头部包括枕、颊、颏、喉等黑色，眼的上下具白色斑；后颈、腰、尾上覆羽和尾羽白色；背、肩珠灰色，翅上覆羽淡灰色，肩羽具白色尖端。初级飞羽白色，具黑褐色次端斑，第1枚初级飞羽外翈黑色，第2～6枚初级飞羽外翈的黑色依次减少；次级飞羽灰色而具白色斑端。颈部，包括颈侧，前颈起以至整个下体均为白色。成鸟冬羽，头顶至后颈白色而具淡褐色纵斑，眼的上下有新月形黑褐色斑；其余体羽似夏羽。

生态：常单独或结小群活动，迁徙时也集大群。食性较杂，以鱼为主，也取食其他鸟的卵、雏鸟，还吃蛙类、蜥蜴、昆虫、甲壳类等以及动物内脏、尸体等。

主要分布生境：红崖山水库、青土湖及农区周边季节性积水区域。

保护等级：

《中国物种红色名录》（2004）	无危
《世界自然保护联盟濒危物种红色名录》（2002）	无危
《有重要生态、科学、社会价值的陆生野生动物名录》（2021）	是

（74）红嘴鸥 *Larus ridibundus*

形态：成鸟夏羽，前额、头顶、头侧棕褐色，羽缘微沾黑，眼周白色，在前缘缺如；枕、后颈、上背白色，下背浅灰色，尾上覆羽和尾羽白色；肩羽灰白色；翅的前缘白色内侧飞羽灰白色；颏、喉棕褐色；前颈、胸、腹等下体均白色。虹膜褐色，嘴与脚暗红色，嘴先端黑色；冬季嘴和脚鲜红色，嘴先端稍暗。幼鸟嘴和脚暗肉色或浅灰黄色。

生态：栖息于湖泊、河流、沼泽地带，也出现于森林和荒漠及半荒漠中的河流、湖泊等水域。常结小群活动，主要以小鱼、虾、水生昆虫、甲壳类，软体动物等水生无脊椎动物为食。

主要分布生境：红崖山水库、青土湖及农区周边季节性积水区域。

保护等级：

《中国物种红色名录》（2004）	无危
《世界自然保护联盟濒危物种红色名录》（2002）	无危
《有重要生态、科学、社会价值的陆生野生动物名录》（2021）	是

（75）棕头鸥 *Larus brunnicephalus*

形态：体长41～45cm。雌雄相似。成鸟繁殖羽具深棕色头罩和断裂的眼圈。上体和翼上覆羽浅灰色，内侧初级飞羽和次级飞羽浅灰色，外侧初级飞羽和初级覆羽白色，翼尖黑色，具2～3枚翼镜。下体和尾羽白色。非繁殖羽无头罩，在眼后有深色斑。与红嘴鸥的区别在于本种虹膜色淡，体形较大，飞行时翼尖图案不同。幼鸟虹膜深色。第一年冬羽与非繁殖羽相似，但翼尖和次级飞羽黑色，尾羽具黑色横带。虹膜近白色，喙深红色，非繁殖期橘红色而端部黑色；附跖红色。

生态：国内繁殖于新疆北部和青藏高原，越冬于西南地区，偶见于东南沿海地区，可能与红嘴鸥等混群。

主要分布生境：红崖山水库、青土湖及农区周边季节性积水区域。

保护等级：

《中国物种红色名录》（2004）	无危
《世界自然保护联盟濒危物种红色名录》（2002）	无危
《有重要生态、科学、社会价值的陆生野生动物名录》（2021）	是

（76）灰翅浮鸥 *Chlidonias hybrida*

形态：体长23～29cm。雌雄相似。成鸟繁殖羽前额至枕部黑色，背部、腰部和尾羽灰色，翼上覆羽浅灰色，翼尖黑色，停栖时初级飞羽超过尾端。翼下覆羽浅灰色，下体深灰色，仅喉部和颈侧白色。非繁殖羽喙黑色，头颈和下体近白色，眼后至枕部具深色斑；与白翅浮鸥相似，区别见相应种描述。幼鸟类似非繁殖羽，但背羽和覆羽具深棕色鳞状斑。虹膜深褐色；喙暗血红色；跗跖血红色。

生态：常结群活动于湿地，主要取食鱼类和水生无脊椎动物。

主要分布生境：红崖山水库、青土湖及农区周边季节性积水区域。

保护等级：

《中国物种红色名录》（2004）	无危
《世界自然保护联盟濒危物种红色名录》（2002）	无危
《有重要生态、科学、社会价值的陆生野生动物名录》（2021）	是

（77）普通燕鸥 *Sterna hirundo*

形态：体长32～39cm的中型燕鸥。雌雄相似。成鸟繁殖羽前额至头后黑色，上体和翼上覆羽灰色，最外侧5枚初级飞羽外深灰色，停栖时翼尖与尾尖等长。下体白色略带灰色，尾羽白色，外侧尾羽外深灰色而延长，呈深叉状。非繁殖羽前额白色，头顶具白色纵纹，翼前缘色深。幼鸟上体和翼上覆羽灰色并具灰褐色横斑，翼前缘色深，次级飞羽具横斑；喙基部橙色，后转至暗灰色。longipennis亚种的喙及跗跖颜色偏黑，上体、翼羽以及下体（繁殖期）颜色亦较深，虹膜黑色；喙深红色而端黑，或黑色（longipennis亚种）；跗跖红色，或黑色和暗红色（longipennis亚种）；非繁殖期均为黑色。

生态：国内繁殖于东北和中西部地区，为常见夏候鸟和过境鸟。活动于河流或沿海湿地，飞行优雅，振翅有力，主要捕食鱼类。

主要分布生境：红崖山水库、青土湖及农区周边季节性积水区域。

保护等级：

《中国物种红色名录》（2004）	无危
《世界自然保护联盟濒危物种红色名录》（2002）	无危
《有重要生态、科学、社会价值的陆生野生动物名录》（2021）	是

（十四）夜鹰目 CAPRIMULGIFORMES

25. 夜鹰科 Caprimulgidae

（78）普通夜鹰 *Caprimulgus indicus*

形态：雄鸟头褐灰色，具小的虫蠹状斑点，头的中央羽毛具宽阔的黑色纵斑。背、腰与头相似，但头的褐灰色在此变为褐色，其余则相同。中央尾羽似背，但无黑色纵斑，而是变为较宽的横斑，其余和背相同；但外侧尾羽为黑褐色，具棕褐色横斑，次末端则有大的白斑。初级飞羽黑褐色，具褐棕色大斑点，羽毛端部1/3处具白色大斑，第1枚初级飞羽只内羽片有，但第2枚起则内、外羽片均有；次级覆羽与初级飞羽相同，但无白斑；三级飞羽与头同色。颏黑褐色，具棕白色点斑；喉的两侧各有小的白色块斑；胸和腹与颏相同，但棕白色点斑较大。尾下覆羽污白色，具黑色“v”型斑。雌鸟初级飞羽和外侧尾羽均无白斑，其余与雄鸟同。虹膜暗褐色；嘴乌黑色；跗跖和趾肉褐色，爪黑色。

生态：常在夜间活动，黄昏时在空中飞捕昆虫最为活跃。以昆虫为食。

主要分布生境：植物和雨水稀少、空气干燥的荒芜地区、裸岩和起伏和缓的丘陵及农区周边。

保护等级：

《中国物种红色名录》（2004）	无危
《世界自然保护联盟濒危物种红色名录》（2002）	无危
《有重要生态、科学、社会价值的陆生野生动物名录》（2021）	是

26. 雨燕科 Apodidae

(79) 白腰雨燕 *Apus pacificus*

形态：成鸟头、颈灰褐色，各羽末端具白色细的羽缘；背、腰黑褐色，各羽末端也具细的白色羽缘。尾上覆羽基部白色，形成一约1.4cm宽的大白斑，白色斑的各羽具极细的黑色羽干纹；尾上覆羽的端部和尾羽黑褐色。翼的各羽的外羽片为黑褐色，内羽片为灰褐色。颏、喉、前颈为白色；胸、腹、尾下覆羽为灰褐色，各羽端部均有较宽的白色羽缘。虹膜暗褐色；嘴黑色；跗跖和趾紫黑色，爪黑褐色。

生态：与楼燕相似，大多集飞在近山地带。下雨时，常结群翔飞于高空中绕成圈状，动作一致，历久不停。叫声亦相似。繁殖期在5～8月，通常结群在山洞里或海中岩礁、孤岛的悬崖峭壁上营巢，巢以草茎、竹叶、须根、残羽及其他碎屑等作材料。

主要分布生境：植物和雨水稀少、空气干燥的荒芜地区、裸岩和起伏和缓的丘陵及农区周边。

保护等级：

《中国物种红色名录》(2004)	无危
《世界自然保护联盟濒危物种红色名录》(2002)	无危
《有重要生态、科学、社会价值的陆生野生动物名录》(2021)	是

（80）小白腰雨燕 *Apus nipalensis*

形态：体长约15cm的中型雨燕。雌雄相似。体羽黑褐色，喉部白色，腰部白色，尾羽短而分叉不明显，与白腰雨燕区别于腹部无鱼鳞状斑且尾羽平截。与烟腹毛脚燕区别于翅形窄长且体形明显更大。虹膜深褐色；喙黑色；跗跖黑色，飞行时不可见。

生态：习性似其他雨燕。群鸟飞行或近巢区时发出一连串短促而音调逐渐降低的“ji ji”声。

主要分布生境：植物和雨水稀少、空气干燥的荒芜地区、裸岩和起伏和缓的丘陵及农区周边。

保护等级：

《中国物种红色名录》(2004)	无危
《世界自然保护联盟濒危物种红色名录》(2002)	无危
《有重要生态、科学、社会价值的陆生野生动物名录》(2021)	是

（81）普通雨燕 *Apus apus*

形态：体长16～17cm的中型雨燕。雌雄相似。眼先及颏部灰色，通体深褐色，尾羽深叉形。与白腰雨燕区别于其腰部不为白色，腹部及翼下覆羽并无明显的白色羽缘。虹膜深褐色；喙黑色；跗跖黑色，飞行时不可见。

生态：常集大群活动。有时与白腰雨燕混群。

主要分布生境：植物和雨水稀少、空气干燥的荒芜地区、裸岩和起伏和缓的丘陵及农区周边。

保护等级：

《中国物种红色名录》(2004)	无危
《世界自然保护联盟濒危物种红色名录》(2002)	无危
《有重要生态、科学、社会价值的陆生野生动物名录》(2021)	是

（十五）佛法僧目 CORACIIFORMES

27. 翠鸟科 Alcedinidae

（82）普通翠鸟 *Alcedo atthis*

形态：体长15～18cm的小型翠鸟。雌雄相似。成鸟头部深蓝绿色，遍布亮蓝色斑纹。眼先、耳覆羽橘黄色，耳后具白色斑。肩羽和翼上覆羽墨蓝色，肩羽具蓝色珠点。整个背部亮蓝色。颏喉部白色，胸腹及整个下体橙黄色。幼鸟整体颜色黯淡，下体羽色较淡，略带褐色。与蓝耳翠鸟，斑头大翠鸟相似，辨识见相应种描述。虹膜暗褐色；喙黑色，雌鸟下喙红色；跗跖橙红色。

生态：国内见于西北和中东部大多数地区，在东北地区为夏候鸟，在不封冻的地区为留鸟，甚常见。栖息于多种类型的水域附近，常在树枝或岩石上站立，观察水中动静，发现小鱼扎入水中捕食。

主要分布生境：红崖山水库、青土湖及农区周边季节性积水区域。

保护等级：

《中国物种红色名录》（2004）	无危
《世界自然保护联盟濒危物种红色名录》（2002）	无危
《有重要生态、科学、社会价值的陆生野生动物名录》（2021）	是

（十六）鹃形目 CUCULIFORMES

28. 杜鹃科 Cuculidae

（83）大杜鹃 *Cuculus canorus*

形态：整个上体石板黑色，腰及尾上覆羽色较亮；尾羽褐黑色，有白色羽端斑，沿羽轴两旁具一对对通连而不对位的白点斑，这些白斑在外侧尾羽形较大，且连成横斑状，羽缘也常有一列白色锯齿形斑；翅表暗褐色，略见绿色光泽，飞羽的羽干黑褐色，外侧初级飞羽的内翈具一列白色横斑；翅缘白色而具褐色横斑。头侧及颏、喉至上胸淡灰色；下体余部包括腋羽、翼下覆羽、覆腿羽等白色，满布不规则的、狭形的黑褐色横斑，以尾下覆羽的横斑最粗，且相距最宽。虹膜土黄色；嘴黑褐色，基部及嘴角处近黄色；脚黄色，爪黄褐色。

生态：常见以零散个体活动，鸣声响亮、清澈，飞行快速有力，嗜吃各种毛虫，特别是繁殖期间几乎纯以毛虫为食。

主要分布生境：植物和雨水稀少、空气干燥的荒芜地区或裸岩及季节性积水区、农区周边。

保护等级：

《中国物种红色名录》（2004）	无危
《世界自然保护联盟濒危物种红色名录》（2002）	无危
《有重要生态、科学、社会价值的陆生野生动物名录》（2021）	是

（十七）啄木鸟目 PICIFORMES

29.啄木鸟科 Picidae

（84）大斑啄木鸟 *Dendrocopos major*

形态：体长20～25cm的中型啄木鸟。japonicus亚种雄鸟头顶黑色，枕部红色，黑色颊纹延伸至颈侧并向上包围耳羽后缘，但不与黑色的后颈相连，头颈其余部分烟灰色。背部黑色，几枚覆羽全白色而形成白色条带，飞羽黑色具白色横纹。下体大致烟灰色，下腹至尾下覆羽红色。尾羽黑色而最外侧尾羽白色具黑色横纹。雌鸟似雄鸟但枕部黑色。stresemanni亚种耳羽及下体颜色更深，几乎为褐色。brevirostris亚种耳羽及下体白色。与小斑啄木鸟、白背啄木鸟及白翅啄木鸟相似，辨识分别见相应种描述。虹膜深褐色；喙灰黑色；跗跖灰黑色。

生态：见于几乎所有林地区，适应包括市区公园在内的多种林地生境。鸣声单音节响亮的"zhi"声，鼕声短而急促。

主要分布生境：村镇及农区周边。

保护等级：

《中国物种红色名录》（2004）	无危
《世界自然保护联盟濒危物种红色名录》（2002）	无危
《有重要生态、科学、社会价值的陆生野生动物名录》（2021）	是

（十八）犀鸟目 BUCEROTIFORMES

30. 戴胜科 Upupidae

（85）戴胜 *Upupa epops*

形态：成鸟头、颈、胸淡棕栗色。羽冠色略深且各羽具黑端，在后面的羽黑端前更具白斑。胸部还沾淡葡萄酒色；上背和翼上小覆羽转为棕褐色；下背和肩羽黑褐色而杂以棕白色的羽端和羽缘；上、下背间有黑色、棕白色、黑褐色三道带斑及一道不完整的白色带斑，并连成宽带向两侧围绕至翼弯下方；腰白色；尾上覆羽基部白色，端部黑色，部分羽端缘白色；尾羽黑色，各羽中部向两侧至近端部有一白斑相连成一弧形横带。翼外侧黑色、向内转为黑褐色，中、大覆羽具棕白色近端横斑，初级飞羽（除第1枚外）近端处具一列白色横斑，次级飞羽有4列白色横斑，三级飞羽杂以棕白色斜纹和羽缘。腹及两胁由淡葡萄棕转为白色，并杂有褐色纵纹，至尾下覆羽全为白色。幼鸟上体色较苍淡、下体较呈褐色。虹膜褐至红褐色；嘴黑色，基部呈淡铅紫色；脚铅黑色。

生态：常独居栖息于农田、庭园附近的树枝上，有时在墙头、屋顶、路旁电线上也可见到。

主要分布生境：植物和雨水稀少、空气干燥的荒芜地区、裸岩和起伏和缓的丘陵及农区周边。

保护等级：

《中国物种红色名录》（2004）	无危
《世界自然保护联盟濒危物种红色名录》（2002）	无危
《有重要生态、科学、社会价值的陆生野生动物名录》（2021）	是

（十九）鹰形目 ACCIPITRIFORMES

31. 鹰科 Accipitridae

（86）苍鹰 *Accipiter gentilis*

形态：苍鹰体长约60cm，翼展约1.3m，颈部羽基白色；眉纹白而具黑色干纹；耳羽黑色；上体到尾灰褐色；飞羽有暗褐色横斑，内翈基部有白色块斑。尾灰褐色，具3～5道黑褐色横斑。喉部有黑褐色细纹及暗褐色斑。胸、腹、两胁和覆腿羽布满较细的横纹，羽干黑褐色。肛周和尾下覆羽白色，有少许褐色横斑。虹膜金黄色或黄色，蜡膜黄绿色；嘴黑基部沾蓝；脚和趾黄色；爪黑色；跗跖前后缘均为盾状鳞。

生态：栖息于疏林、林缘和灌丛地带，次生林中也较常见。视觉敏锐，善于飞翔。食物有鼠类、野兔、雉类、榛鸡、鸠鸽类和其他各种鸟类。

主要分布生境：植物和雨水稀少、空气干燥的荒芜地区、裸岩和起伏和缓的丘陵。

保护等级：

《国家重点保护野生动物名录》（2021）	二级
《中国物种红色名录》（2004）	无危
《世界自然保护联盟濒危物种红色名录》（2002）	近危
《濒危野生动植物种国际贸易公约》（2019）	附录Ⅱ

（87）雀鹰 *Accipiter nisus*

形态：上体灰色，头顶、枕和后颈较暗，前额微缀棕色，后颈羽基白色，常显露于外，其余上体自背至尾上覆羽暗灰色，尾上覆羽羽端有时缀有白色；尾羽灰褐色，具灰白色端斑和较宽的黑褐色次端斑；另外还具4～5道黑褐色横斑；初级飞羽暗褐色，内翈白色而具黑褐色横斑；次级飞羽外翈青灰色，内翈白色而具暗褐色横斑；翅上覆羽暗灰色，眼先灰色，具黑色刚毛，有的具白色眉纹，头侧和脸棕色，具暗色羽干纹。下体白色，颏和喉部满布褐色羽干细纹；胸、腹和两胁具红褐色或暗褐色细横斑；尾下覆羽亦为白色，常缀不甚明显的淡灰褐色斑纹，翅下覆羽和腋羽白色或乳白色，具暗褐色或棕褐色细横斑；尾羽下面亦具4～5道黑褐色横带。

生态：栖息于较高的山林，非繁殖季节常单独活动。飞翔形式和叫声似苍鹰。主食大山雀、鹡鸰、鹀、麻雀及家燕等，也食鼠类或森林昆虫等。幼鸟几乎全食昆虫。

主要分布生境：植物和雨水稀少、空气干燥的荒芜地区、裸岩和起伏和缓的丘陵。

保护等级：

《国家重点保护野生动物名录》（2021）	二级
《中国物种红色名录》（2004）	无危
《世界自然保护联盟濒危物种红色名录》（2002）	无危
《濒危野生动植物种国际贸易公约》（2019）	附录Ⅱ

（88）凤头蜂鹰 *Pernis ptilorhynchus*

形态：体长55～65cm。翼较宽大，头部细小，头侧具短而硬的鳞片状覆羽的猛禽，体色多变，翼指通常为6枚。雄鸟虹膜暗色；翼后缘深色带明显；尾羽深色尾带较宽，与浅色区域对比明显。雌鸟虹膜黄色；翼后缘深色带不甚明显；尾羽深色尾带较窄，与浅色区域对比不甚明显。幼鸟似雌鸟，翼指色深。与鹃头蜂鹰相似，区别见相应种描述。幼鸟虹膜黄色；喙黑色；跗跖黄色。

生态：常栖息于山地森林及林缘地带。主要以蜂类为食，也捕食其他昆虫和小型鸟类等。

主要分布生境：植物和雨水稀少、空气干燥的荒芜地区、裸岩地区及起伏的丘陵。

分布：保护区内见于红崖山保护站。

保护等级：

《国家重点保护野生动物名录》（2021）	二级
《中国物种红色名录》（2004）	无危
《世界自然保护联盟濒危物种红色名录》（2002）	无危
《濒危野生动植物种国际贸易公约》（2019）	附录Ⅱ
《中国濒危动物红皮书》（1998）	易危

（89）金雕 *Aquila chrysaetos*

形态：头顶黑褐；后颈暗棕褐、具黑色细纵纹，羽端淡；上体及翅暗赤褐色，有紫色光泽；肩羽基部灰白，散有褐色斑；内侧飞羽内翈羽灰白，具不规则横斑；尾羽先端1/4近黑色，余为灰褐色；尾上覆羽尖端黑褐，羽基淡褐。下体与背同色；尾下覆羽乌棕褐；腿覆羽棕褐，盖至趾基。

生态：金雕既捕食鼠、兔、旱獭等，又捕食雁、鸭、雉等。在森林生态系统中居顶级消费者位置，对维持森林生态平衡有一定作用。

主要分布生境：植物和雨水稀少、空气干燥的荒芜地区、裸岩地区及起伏的丘陵。

保护等级：

《国家重点保护野生动物名录》（2021）	一级
《中国物种红色名录》（2004）	无危
《世界自然保护联盟濒危物种红色名录》（2002）	无危
《濒危野生动植物种国际贸易公约》（2019）	附录Ⅱ
《中国濒危动物红皮书》（1998）	易危

（90）白肩雕 *Aquila heliaca*

形态：前额至头顶黑褐色，头顶后部、枕、后颈和头侧棕褐色，后颈缀细的黑褐色羽干纹。上体至背、腰和尾上覆羽均为黑褐色，微缀紫色光泽，长形肩羽纯白色，形成显著的白色肩斑；尾羽灰褐色，具不规则的黑褐色横斑纹，并具宽阔的黑色端斑。翅上覆羽黑褐色，初级飞羽亦为黑褐色，内翈基部杂有白斑，次级飞羽暗褐色，内翈杂有淡黄白色斑。下体自颏、喉、胸、腹、两胁和覆腿羽黑褐色，尾下覆羽淡黄褐色，微缀暗褐色纵纹，翅下覆羽和腋羽亦为黑褐色，跗跖被羽。

生态：栖息于海拔2000m以下的山地森林地带，尤喜混交林和阔叶林，常单独活动。主要以啮齿类、野兔、雉鸡、石鸡、鹌鹑、野鸭、斑鸠等小型和中型哺乳动物和鸟类为食。

主要分布生境：植物和雨水稀少、空气干燥的荒芜地区、裸岩地区及起伏的丘陵。

保护等级：

《国家重点保护野生动物名录》（2021）	一级
《中国物种红色名录》（2004）	易危
《世界自然保护联盟濒危物种红色名录》（2002）	易危
《濒危野生动植物种国际贸易公约》（2019）	附录Ⅰ
《中国濒危动物红皮书》（1998）	易危

（91）草原雕 *Aquila nipalensis*

形态：全长约80cm。体羽以褐色为主，上体土褐色，头顶较暗浓。飞羽隐约杂以较浓的褐色横斑。尾黑褐色微杂以灰褐色横斑，羽端稍缘为白色。下体暗土褐色，胸、上腹及两胁杂以棕色纵纹。嘴黑色，脚淡褐色。头显得较小而突出，两翼较长，翼指展开度较宽。虹膜暗褐色；嘴，蜡膜和趾均纯黄色；爪黑色。

生态：常栖息于地面或高树顶端。多活动于低山和开阔的草原地带。在低空翱翔中或在地面窥伺猎获物，主要以啮齿动物为食，为草原地区益鸟。

主要分布生境：植物和雨水稀少、空气干燥的荒芜地区、裸岩和起伏和缓的丘陵。

保护等级：

《国家重点保护野生动物名录》（2021）	一级
《中国物种红色名录》（2004）	无危
《世界自然保护联盟濒危物种红色名录》（2002）	无危
《濒危野生动植物种国际贸易公约》（2019）	附录Ⅱ
《中国濒危动物红皮书》（1998）	易危

（92）玉带海雕 *Haliaeetus leucoryphus*

形态：全长约90cm，体重2500～3760g，但嘴稍细，头细长，颈也较长。空中展开双翅达2m长。雌鸟羽似雄鸟，但体型稍大。上体暗褐色，头顶赭褐色，羽毛呈矛纹状并具淡棕色条纹；颈部的羽毛较长，呈披针形。肩部羽具棕色条纹，下背和腰羽端棕黄色，尾羽中间具一道宽阔的白色横带斑。下体棕褐色，各羽具淡棕色羽端。喉淡棕褐色，羽干黑色，具白色条纹。尾羽为圆形。

生态：栖息于开阔沼泽及溪流附近。常停息在田埂或旱獭洞前大土丘上，待机捕食。以鱼、野鼠、雁羔等为食，偶食羊羔等家畜。

主要分布生境：起伏的丘陵和季节性积水区。

保护等级：

《国家重点保护野生动物名录》（2021）	一级
《中国物种红色名录》（2004）	易危
《世界自然保护联盟濒危物种红色名录》（2002）	易危
《濒危野生动植物种国际贸易公约》（2019）	附录Ⅱ
《中国濒危动物红皮书》（1998）	易危

（93）白尾海雕 *Haliaeetus albicilla*

形态：头、颈淡黄褐色或沙褐色，具暗褐色羽轴纹，前额基部尤浅；肩部羽色亦稍浅淡，多为土褐色，并杂有暗色斑点；后颈羽毛较长，为披针形；背以下覆羽暗褐色，腰及尾上覆羽暗棕褐色，具暗褐色羽轴纹和斑纹，尾上覆羽杂有白斑，尾较短，呈楔状，纯白色，翅上覆羽褐色，呈淡黄褐色羽缘，飞羽黑褐色。下体颏、喉淡黄褐色，胸部羽毛呈披针形，淡褐色，具暗褐色羽轴纹和淡色羽缘；其余下体褐色，尾下覆羽淡棕色，具褐色斑；翅下覆羽与腋羽暗褐色。

生态：栖息于湖泊、河流、海岸、岛屿及河口地区。主要以鱼为食。繁殖期为4～6月。

主要分布生境：起伏的丘陵和季节性积水区。

保护等级：

《国家重点保护野生动物名录》（2021）	一级
《中国物种红色名录》（2004）	近危
《世界自然保护联盟濒危物种红色名录》（2002）	近危
《濒危野生动植物种国际贸易公约》（2019）	附录Ⅰ
《中国濒危动物红皮书》（1998）	未危

（94）棕尾鵟 *Buteo rufinus*

形态：中型猛禽，体色变化较大，有淡色型和暗色型等，但体羽的颜色均比其他类的颜色浅淡。通常上体为淡褐色到淡沙褐色，具有暗色的中央纹，喉部和上胸部为皮黄白色，具有暗色的羽轴纹，下胸为白色，腹部和腿上的羽毛为黑褐色，尾羽为棕褐色，通常没有横带或仅具有窄而明显的暗色横斑，这一点与其他鵟类明显不同。在空中翱翔时飞羽下面颜色浅淡，翼尖为黑色。虹膜金黄褐色或淡黄褐色，嘴黑色或石板褐色，尖端黑色，下嘴的基部和嘴角为黄色；蜡膜黄绿色，脚和趾黄色或柠檬黄色。成鸟头、颈棕褐色，具黑色羽轴；眼先及眼上下淡色而具黑色羽领；上体余部近褐色，羽缘茶棕色；初级飞羽黑褐色，内翈自缺刻至羽基白色，贯以淡棕褐色横斑；次级飞羽较淡、内翈具暗褐色横斑；翅下覆羽和腋羽大都为棕褐色，尾羽淡棕褐，羽干纹白，尾尖淡棕，具宽阔的暗褐色次端斑。颏、喉、胸主要为棕色；下腹淡棕白；覆腿羽近栗色；尾下覆羽与下腹相似。幼鸟体色与成鸟相似，但尾羽具较多的暗褐色横斑。

生态：栖息于荒漠、半荒漠、草原、无树的平原和山地平原，以野兔、啮齿动物、蛙、蜥蜴、蛇、雉鸡等鸟类与鸟卵为食。

主要分布生境：植物和雨水稀少、空气干燥的荒芜地区、裸岩和起伏的丘陵。

保护等级：

《国家重点保护野生动物名录》（2021）	一级
《中国物种红色名录》（2004）	无危
《世界自然保护联盟濒危物种红色名录》（2002）	无危
《濒危野生动植物种国际贸易公约》（2019）	附录Ⅱ
《中国濒危动物红皮书》（1998）	稀有

（95）普通鵟 *Buteo buteo*

形态：中型猛禽，体长50～59cm。体色变化较大，上体主要为暗褐色，下体主要为暗褐色或淡褐色，具深棕色横斑或纵纹，尾淡灰褐色，具多道暗色横斑。飞翔时两翼宽阔，初级飞羽基部有明显的白斑，翼下白色，仅翼尖、翼角和飞羽外缘黑色（淡色型）或全为黑褐色（暗色型），尾散开呈扇形。

生态：主要栖息于山地森林和林缘地带，常见在开阔平原、荒漠、开垦的耕作区、林缘草地和村庄上空盘旋翱翔。以森林鼠类为食。

主要分布生境：植物和雨水稀少、空气干燥的荒芜地区、裸岩和起伏的丘陵。

保护等级：

《国家重点保护野生动物名录》（2021）	二级
《中国物种红色名录》（2004）	无危
《世界自然保护联盟濒危物种红色名录》（2002）	无危
《濒危野生动植物种国际贸易公约》（2019）	附录Ⅱ

（96）大鵟 *Buteo hemilasius*

形态：上体大都暗褐色，但头、颈羽色较淡，具棕黄色羽缘；眼先白色；两翅外侧飞羽黑褐色，内翈大部白色或显有褐色横斑；尾具数条褐色与白色相间的横斑，羽端棕白色，羽干白色；颏、喉淡棕白色，具淡棕褐色条纹；上胸与翅上中、小覆羽、喉同色；腹、胁棕褐斑粗着；覆腿羽、跗跖羽均暗棕褐色；尾下覆羽白且沾淡棕色。虹膜黄褐色；嘴黑褐色，蜡膜绿黄色；跗跖和趾蜡黄色；爪角黑。

生态：多停息在山顶、高树或其他突出物体上。以啮齿动物，蛙、蜥蜴、野兔、蛇、雉鸡、石鸡、昆虫等动物性食物为食。

主要分布生境：植物和雨水稀少、空气干燥的荒芜地区、裸岩地区及起伏的丘陵。

保护等级：

《国家重点保护野生动物名录》（2021）	二级
《中国物种红色名录》（2004）	无危
《世界自然保护联盟濒危物种红色名录》（2002）	无危
《濒危野生动植物种国际贸易公约》（2019）	附录Ⅱ

32. 鹗科 Pandionidae

（97）鹗 *Pandion haliaetus*

形态：中型猛禽，体长51～64cm，体重1000～1750g。头部白色，头顶具有黑褐色的纵纹，枕部的羽毛稍微呈披针形延长，形成一个短的羽冠。头的侧面有一条宽阔的黑带，从前额的基部经过眼睛到后颈部，并与后颈的黑色融为一体。上体为暗褐色，略微具有紫色的光泽。下体为白色，颏部、喉部具微细的暗褐色羽干纹，胸部具有赤褐色的斑纹，飞翔时两翅狭长，不能伸直，翼角向后弯曲成一定的角度，常在水面的上空翱翔盘旋，从下面看，白色的下体和翼下覆羽同翼角的黑斑，胸部的暗色纵纹和飞羽，以及尾羽上相间排列的横斑均极为醒目。虹膜淡黄色或橙黄色，眼周裸露皮肤铅黄绿色，嘴黑色，蜡膜铅蓝色，脚和趾黄色，爪黑色。

生态：栖息于湖泊、河流、海岸等地，尤其喜欢在山地森林中的河谷或有树木的水域地带，冬季也常到开阔无林地区的河流、水库、水塘地区活动。主要以鱼类为食，有时也捕食蛙、蜥蜴、小型鸟类等其他小型陆栖动物。

主要分布生境：红崖山水库、青土湖及农区周边季节性积水区域。

保护等级：

《国家重点保护野生动物名录》（2021）	二级
《中国物种红色名录》（2004）	无危
《世界自然保护联盟濒危物种红色名录》（2002）	无危
《濒危野生动植物种国际贸易公约》（2019）	附录Ⅱ
《中国濒危动物红皮书》（1998）	稀有

（二十）隼形目 FALCONIFORMES

33. 隼科 Falconidae

（98）游隼　*Falco peregrinus*

形态：游隼是体形比较大的隼类，体长为38～50cm，翼展95～115cm，体重647～825g。头顶和后颈似暗石板蓝灰色到黑色，有的缀有棕色；背、肩蓝灰色，具黑褐色羽干纹和横斑，腰和尾上覆羽亦为蓝灰色，但稍浅，黑褐色横斑亦较窄；尾暗蓝灰色，具黑褐色横斑和淡色尖端；翅上覆羽淡蓝灰色，具黑褐色羽干纹和横斑；飞羽黑褐色，具污白色端斑和微缀棕色斑纹，内翈具灰白色横斑；脸颊部和宽阔而下垂的髭纹黑褐色。喉和髭纹前后白色，其余下体白色或皮黄白色，上胸和颈侧具细的黑褐色羽干纹，其余下体具黑褐色横斑，翼下覆羽，腋羽和覆腿羽亦为白色，具密集的黑褐色横斑。虹膜褐色；嘴蓝灰，下嘴基部黄色；跗跖和趾橙黄色；爪黑色。

生态：多单独活动于林边开阔地带，飞行迅速。性凶猛，主要以各种中、小型鸟类为食，且大都在空中捕获。

主要分布生境：植物和雨水稀少、空气干燥的荒芜地区或裸岩地区及季节性积水区。

保护等级：

《国家重点保护野生动物名录》（2021）	二级
《中国物种红色名录》（2004）	无危
《世界自然保护联盟濒危物种红色名录》（2002）	无危
《濒危野生动植物种国际贸易公约》（2019）	附录Ⅱ

（99）灰背隼 *Falco columbarius*

形态：雄鸟额、眼先、眉纹和头侧大都白色，沾以皮黄色，各羽均具黑色羽干纹；耳羽先端灰色；髭纹暗褐色；后颈具一道棕色领圈，各羽亦具褐色羽干纹；上体余部大都蓝灰色，羽干纹黑色；初级飞羽黑色，尖端白色，内侧数枚外翈具灰色点斑，内翈具白色横斑；翅下覆羽白色，具褐色点斑；尾尖灰色或白色，具一宽的黑色次端斑。颏、喉纯白色；下体余部大都栗黄色，具褐色羽干纹；胫羽淡栗色。雌鸟上体蓝灰，羽缘沾有栗色；尾羽具灰褐色和乳白灰色相间的横斑；下体羽色较雄鸟淡，斑纹较多。虹膜暗褐；嘴蓝，尖端黑色，蜡膜黄；跗跖黄、爪黑。

生态：见于开阔田野间，喜食蜥蜴、小型鸟类、昆虫和小型啮齿类动物。

主要分布生境：植物和雨水稀少、空气干燥的荒芜地区或裸岩地区及季节性积水区。

保护等级：

《国家重点保护野生动物名录》（2021）	二级
《中国物种红色名录》（2004）	无危
《世界自然保护联盟濒危物种红色名录》（2002）	无危
《濒危野生动植物种国际贸易公约》（2019）	附录Ⅱ

（100）猎隼 *Falco cherrug*

形态：上嘴先端钩曲，边缘具齿突；鼻孔圆形，中间具柱状突起；翅尖长，飞翔迅速，能在空中颤动或追猎食物；跗跖和趾强健，爪弯曲而尖锐。雄鸟全长50cm，翅长30cm，尾长20.6cm，上体褐色，羽缘为带红的皮黄色；头顶、后头白色，渲染棕皮黄，杂以黑褐色条纹飞羽内翈白色，具有不规则和不完整的暗色横斑；尾羽内、外翈具白色或棕色点斑。下体白色，胸具稀疏黑褐色斑点至腹和体侧则非常显著。雌鸟羽色与雄鸟相似，但体形较大。虹膜暗褐；嘴象牙白色，尖端蓝黑，蜡膜暗黄；跗跖和趾暗黄或黄绿；爪黑。

生态：主要栖于山地或森林地带。主要以雉科鸟类、野兔和啮齿动物等为食。营巢于峭壁垂岩下平台或裂缝中，每窝产卵3～4枚。

主要分布生境：植物和雨水稀少、空气干燥的荒芜地区或裸岩地区及季节性积水区。

保护等级：

《国家重点保护野生动物名录》(2021)	一级
《中国物种红色名录》(2004)	无危
《世界自然保护联盟濒危物种红色名录》(2002)	无危
《濒危野生动植物种国际贸易公约》(2019)	附录Ⅱ
《中国濒危动物红皮书》(1998)	易危

（101）红隼 *Falco tinnunculus*

形态：雄鸟头顶、头侧、后颈、颈侧蓝灰色，具纤细的黑色羽干纹；前额、眼先和细窄的眉纹棕白色。背、肩和翅上覆羽砖红色，具分布较为稀疏的近似三角形的黑色斑块；腰和尾上覆羽蓝灰色，具纤细的暗灰褐色羽干纹。尾蓝灰色。颏、喉乳白色或棕白色，胸、腹和两胁棕黄色或乳黄色，胸和上腹缀黑褐色细纵纹，下腹和两胁具黑褐色矢状或滴状斑，腿覆羽和尾下覆羽浅棕色或棕白色，尾下覆羽银灰色，翅下覆羽和腋羽皮黄白色或淡黄褐色，具褐色点状横斑，飞羽下面白色，密被黑色横斑。雌鸟上体棕红色，头顶至后颈以及颈侧具细密的黑褐色羽干纹；背到尾上覆羽具粗着的黑褐色横斑；飞羽内翈具白色横斑，并微缀棕色；脸颊部和眼下口角髭纹黑褐色。下体乳黄色微沾棕色，胸、腹和两胁具黑褐色纵纹，腿覆羽和尾下覆羽乳白色，翅下覆羽和腋羽淡棕黄色，密被黑褐色斑点，飞羽和尾下覆羽灰白色，密被黑褐色横斑。虹膜暗褐色，嘴蓝灰色，先端黑色，基部黄色，蜡膜和眼睑黄色，脚、趾深黄色，爪黑色。

生态：栖居在林缘附近的开阔地带。单独或成对活动，夏季主食昆虫、爬行动物和啮齿动物等，冬季则主要以各种野鼠及小型鸟类为食。每窝产卵4～6枚；孵化期27～29天。

主要分布生境：植物和雨水稀少、空气干燥的荒芜地区或裸岩地区及季节性积水区。

保护等级：

《国家重点保护野生动物名录》（2021）	二级
《中国物种红色名录》（2004）	无危
《世界自然保护联盟濒危物种红色名录》（2002）	无危
《濒危野生动植物种国际贸易公约》（2019）	附录Ⅱ

（102）燕隼 *Falco subbuteo*

形态：雄鸟全长29.5cm，翅长25.7cm，尾长13.8cm，额、眼先乳黄色；头顶、后颈灰黑色，具一不完整的黄色领斑；颊、耳羽和髭纹黑色；上体余部暗灰，尾羽稍淡，外侧尾羽内翈具棕褐色横斑；飞羽黑褐色，内翈具淡棕黄色横斑；眉纹、颏、喉和颈侧乳白；下体余部大都淡黄白而具黑褐纵纹；腿覆羽、肛周和尾下覆羽锈红。虹膜暗褐；嘴铅蓝，尖端黑，蜡膜黄绿色；跗跖和趾黄色；爪黑。

生态：栖息在开阔地带附近的有森林地带或停息于高大乔木或电线杆上。食物主要为小型啮齿类动物。

主要分布生境：植物和雨水稀少、空气干燥的荒芜地区或裸岩及季节性积水区、农区周边。

保护等级：

《国家重点保护野生动物名录》（2021）	二级
《中国物种红色名录》（2004）	无危
《世界自然保护联盟濒危物种红色名录》（2002）	无危
《濒危野生动植物种国际贸易公约》（2019）	附录Ⅱ

（103）红脚隼 *Falco amurensis*

形态：上嘴先端钩曲，边缘具齿突；鼻孔圆形，中间具柱状突起；翅尖长，飞翔迅速，能在空中颤动或追猎食物；跗跖和趾强健，爪弯曲而尖锐。雌成鸟全长27.5cm，翅长23.5cm，尾长13.5cm，雄鸟上体大都为石板黑色；飞羽显有银灰色，翅下覆羽和腋羽白色；额、喉、胸、腹部淡石板灰色；肛周、腿覆羽和尾下覆羽栗红色。雌鸟上体大致为石板灰色，具黑褐羽干；下体白，而渲染棕色；上胸具黑褐条纹，腹和胁转为点斑和横斑；肛周、腿覆羽和尾下覆羽淡棕黄色。虹膜暗褐色；嘴黄，先端石板灰，蜡膜橙黄色；跗跖和趾橙黄；爪淡白黄色。

生态：常飞翔于平原和山麓一带。迁徙时常结群，主要以蝼蛄、蝗虫和金龟甲等害虫为食。

主要分布生境：植物和雨水稀少、空气干燥的荒芜地区或裸岩地区及季节性积水区、农区周边。

保护等级：

《国家重点保护野生动物名录》（2021）	二级
《中国物种红色名录》（2004）	无危
《世界自然保护联盟濒危物种红色名录》（2002）	无危
《濒危野生动植物种国际贸易公约》（2019）	附录Ⅱ

（二十一）鸮形目 STRIGIFORMES

34. 鸱鸮科 Strigidae

（104）长耳鸮 *Asio otus*

形态：中型鸟类，体长33～40cm。面盘显著，中部白色杂有黑褐色，两侧为棕黄色而羽干白色，羽枝松散，前额为白色与褐色相杂状。眼内侧和上下缘具黑斑。上体棕黄色具粗着的黑褐色羽干纹。小覆羽羽基棕色，羽端黑褐色而微缀以棕色或白色斑，大覆羽外翈近端处有棕色或棕白色圆斑。尾上覆羽棕黄色，具黑褐色细斑，尾羽基部棕黄色，端部灰褐色。颏白色，其余下体棕黄色，胸具宽阔的黑褐色羽干纹，羽端两侧缀有白斑，上腹和两胁羽干纹较细并从羽干纹分出细枝，形成树枝状的横斑，羽端白斑亦更显著，下腹中央棕白色。尾下覆羽棕白色，较长的尾下覆羽白色而具褐色羽干纹。虹膜橙红色，嘴和爪暗铅色，尖端黑色。

生态：平时栖居山林，冬季迁入平原，群栖树上，白天隐息，黑夜活动觅食。以有害昆虫为食。

主要分布生境：植物和雨水稀少、空气干燥的荒芜地区或裸岩及季节性积水区、农区周边。

保护等级：

《国家重点保护野生动物名录》（2021）	二级
《中国物种红色名录》（2004）	无危
《世界自然保护联盟濒危物种红色名录》（2002）	无危
《濒危野生动植物种国际贸易公约》（2019）	附录Ⅱ

（105）短耳鸮 *Asio flammeus*

形态：脸盘发达；眼周黑色，颏、眼先和内侧眉部均白色，余部棕黄，杂以黑色狭细的羽干纹；耳羽短，不甚暴露；皱领近白，羽端有些黑褐色细点；上体包括两翅和尾的表面大都棕黄色，满杂以暗褐色宽阔的羽干纹；两翅的覆羽和飞羽转为黑褐色，散布棕色斑点和横斑；腰和尾上覆羽几为纯棕黄色，无羽干纹；尾羽具一系列黑褐色横斑；下体棕白色，满布黑褐色纵纹，但无横斑，与长耳鸮不同；下腹中央和尾下覆羽均无斑杂。翼长，短小的耳羽簇于野外不可见，飞行时黑色的腕斑显而易见。

生态：见于密集树林或开阔的沼泽地带。以有害昆虫为食，捕鼠能手，有益农林牧业和环境卫生。

主要分布生境：植物和雨水稀少、空气干燥的荒芜地区、裸岩和起伏和缓的丘陵。

保护等级：

《国家重点保护野生动物名录》（2021）	二级
《中国物种红色名录》（2004）	无危
《世界自然保护联盟濒危物种红色名录》（2002）	无危
《濒危野生动植物种国际贸易公约》（2019）	附录Ⅱ

（106）雕鸮 *Bubo bubo*

形态：眼先和眼的前缘密披白色；眼的上方有一大形黑斑；面盘余部淡棕白色，各羽均满杂以褐色细斑；皱领棕而端部缀黑，下达至喉，仍呈棕色而具黑色羽干纹；头顶黑褐色，各羽具棕白色羽缘，并杂以黑色波状细斑；后颈和上背棕色，各羽中央贯以黑褐色粗著羽干纹，羽端两侧并缀以黑褐色细横斑；肩、下背及三级飞羽呈砂灰色，并杂以棕色和黑褐色斑，各羽的羽干纹亦黑褐色；中央尾羽暗褐而具不规则的6道棕色横斑，外侧尾羽转为棕色而具暗褐色横斑；两翅的覆羽亦浅棕色；飞羽的表面大都暗褐色；颏白色；上腹及胁部的羽干纹变细，但羽缘的黑斑较著；下腹中央纯棕色；腿覆羽及尾下覆羽微杂以褐色细横斑；腋羽棕白并具褐色横斑。虹膜金黄色；嘴和爪均暗铅色而具黑端。

生态：栖息于山地林木，裸露的岩石丛中或峭壁上。以各种鼠类为主要食物。

主要分布生境：植物和雨水稀少、空气干燥的荒芜地区、裸岩和起伏和缓的丘陵。

保护等级：

《国家重点保护野生动物名录》(2021)	二级
《中国物种红色名录》(2004)	无危
《世界自然保护联盟濒危物种红色名录》(2002)	无危
《濒危野生动植物种国际贸易公约》(2019)	附录Ⅱ
《中国濒危动物红皮书》(1998)	稀有

（107）纵纹腹小鸮 *Athene noctua*

形态：上体一般为暗沙褐色，头部略暗，有浅黄白色羽轴纹，先端膨大成水滴状，其余各羽具圆形棕白色斑，在后颈及上背处斑点较大，隐约形成“v”形领斑；眼先白色，有黑色羽干线，形成须状，眼的上方白色，形成两道眉纹并向前额连接成“v”形，耳羽皮黄褐色，有白色羽轴纹，眼周和颏白色，喉亦白，形成一个三角形块斑，伸向耳羽下方，前颈下面白色，从喉部被一道有白色斑点的褐色横带所分隔；下体余部棕白色，胸和上胁具粗着的褐色纵纹，在下胁，腹部中央，肛区及绿下覆羽为纯棕白色；翅下覆羽纯白；跗跖和趾均披棕白色羽毛。虹膜黄色；嘴黄绿；爪黑褐色。

生态：多栖息在开阔的林缘地带。食物主要是鞘翅目昆虫，其次是鼠类。

主要分布生境：植物和雨水稀少、空气干燥的荒芜地区、裸岩和起伏和缓的丘陵。

保护等级：

《国家重点保护野生动物名录》（2021）	二级
《中国物种红色名录》（2004）	无危
《世界自然保护联盟濒危物种红色名录》（2002）	无危
《濒危野生动植物种国际贸易公约》（2019）	附录Ⅱ

（二十二）雀形目 PASSERIFORMES

35. 百灵科 Alaudidae

（108）角百灵 *Eremophila alpestris*

形态：前额白色，其后方有一道宽阔的黑斑，此斑的两侧，向后有2～3枚黑色长羽簇，形如角状，故称“角百灵”。鼻孔完全被浓密的黑色短羽掩盖；后头、上背和腰部一般沾染葡萄红色，其余上体包括两翅内侧褐色，羽缘沙棕。中央尾羽褐色，外侧尾羽纯黑，最外侧尾羽纯白，跗跖较短。后爪长，基部粗，先端如针。下体具鲜明的黑色胸斑，余部近白。雌雄体色不尽相同。雌鸟几成铅色，跗跖黑色或深褐色。

生态：栖息于高山、高原草地、荒漠、半荒漠、戈壁滩和高山草甸等草原地区。繁殖期为5～8月。以草籽等植物性食物为食，也吃昆虫等动物性食物。

主要分布生境：植物和雨水稀少、空气干燥的荒芜地区、裸岩和起伏和缓的丘陵。

保护等级：

《中国物种红色名录》（2004）	无危
《世界自然保护联盟濒危物种红色名录》（2002）	无危
《有重要生态、科学、社会价值的陆生野生动物名录》（2021）	是

（109）凤头百灵 *Galerida cristata*

形态：上体包括翅覆羽沙褐色，各羽具黑褐色轴纹，于头顶的形细，近似黑色，后头有一簇由数枚细长羽组成的黑色冠羽；眼先褐黑，眉纹，眼下方及耳羽缀棕白，后者并杂有灰褐色；飞羽浅褐、外缘以棕色；中央尾羽与飞羽同，微具浅色羽缘，其余尾羽褐黑，但外侧第二对的外翈具宽的淡棕色羽缘，至最外侧者几纯为此色；下体棕白，喉侧和胸部密布黑褐色条斑；翼下覆羽棕白色。虹膜暗褐色或砂褐色；嘴浅角色；脚肉色。

生态：常成分散状态活动于沙漠边缘、半荒漠或绿洲附近。主要在地上活动。多为短距离飞行。杂食性。在5～7月间繁殖。

主要分布生境：植物和雨水稀少、空气干燥的荒芜地区、裸岩和起伏和缓的丘陵。

保护等级：

《中国物种红色名录》（2004）	无危
《世界自然保护联盟濒危物种红色名录》（2002）	无危
《有重要生态、科学、社会价值的陆生野生动物名录》（2021）	是

（110）云雀 *Alauda arvensis*

形态：上体呈较暗的砂棕色，满布显著的黑色纵纹，有一短的羽冠，一般在竖起时方易见到；最外侧一对尾羽几纯白色。虹膜暗褐；嘴角褐色，嘴缘和下嘴基部淡角黑色；跗跖及趾褐色。爪褐色。

生态：栖息开阔的草原。5月产卵，主食杂草籽种和部分昆虫，益害兼有。

主要分布生境：植物和雨水稀少、空气干燥的荒芜地区、裸岩和起伏和缓的丘陵。

保护等级：

《国家重点保护野生动物名录》（2021）	二级
《中国物种红色名录》（2004）	无危
《世界自然保护联盟濒危物种红色名录》（2002）	易危

36.燕科 Hirundinidae

(111) 家燕 *Hirundo rustica*

形态：额暗栗，上体包括翅的覆羽、最内侧飞羽概呈闪金属蓝辉的黑色，飞羽和尾羽黑褐，微具绿色光泽。飞羽狭长；尾羽最外侧一枚延长，余各对的长度由外向内依次递减，除中央一对外，其余翈内均具白斑。飞行时尾羽平展呈剪状，白斑互连成“v”形。颏、喉和前胸栗色，后胸有不完整的黑色胸带，中央多杂栗色，几与喉部栗色相连。下胸、腹部至尾下覆羽白色。雌雄相似，但雌鸟除最外侧各一枚尾羽较短外，额、颏、喉和前胸的栗色也不如雄鸟艳丽。虹膜暗褐色；嘴黑褐色；跗跖及趾黑色。

生态：夏季家燕常成对地栖息于村镇附近的田野和河岸边的树木上，亦见停栖于电线上。全以昆虫为食。

主要分布生境：植物和雨水稀少、空气干燥的荒芜地区、裸岩和起伏和缓的丘陵。

保护等级：

《中国物种红色名录》(2004)	无危
《世界自然保护联盟濒危物种红色名录》(2002)	无危
《有重要生态、科学、社会价值的陆生野生动物名录》(2021)	是

37. 鹡鸰科 Motacillidae

（112）田鹨 *Anthus richardi*

形态：成鸟上体棕黄色，头顶、两肩、背具暗褐色的羽轴纹，后颈及腰羽轴纹不显著；尾上覆羽较棕，尾羽暗褐色，具沙黄色羽缘，中央一对尾羽羽缘较宽，最外侧一对尾羽白色，内翈近羽基处羽缘灰褐色，次一对外翈白色、内翈羽端具较宽的楔状白斑，羽轴暗褐色；眼先、眼下白色，其羽尖黑色，眉纹黄白色，耳羽暗褐色；大、中覆羽黑褐色，具较宽的棕黄色羽缘；三级飞羽黑褐色，具棕色宽缘；初级和次级飞羽暗褐色，具棕白色狭缘，第一、二枚飞羽外缘近白色；颏和喉白色，沾棕，胸部及两胁棕黄色，前者具暗褐色羽轴纹，下胸及腹部近白色沾棕，尾下覆羽沾棕色较浓。虹膜褐色；嘴角色，下嘴基较淡；跗跖角褐色。

生态：栖息于较开阔的林间空地、河滩、草地、沼泽地附近。以昆虫为食。

主要分布生境：红崖山水库、青土湖及农区周边季节性积水区域。

保护等级：

《中国物种红色名录》（2004）	无危
《世界自然保护联盟濒危物种红色名录》（2002）	无危
《有重要生态、科学、社会价值的陆生野生动物名录》（2021）	是

（113）白鹡鸰 *Motacilla alba*

形态：雄鸟额、头顶前部、头侧、颈侧为白色；后头、背、肩及腰部黑色；尾上覆羽黑色，近尾基的尾上覆羽外翈白色，有时外翈缘以白色狭缘；尾羽黑色，中央一对尾羽外翈缘以白色，最外侧两对尾羽白色，内翈近羽基处具黑褐色羽缘；肩羽和小覆羽黑色，中覆羽和大覆羽外翈及内翈边缘为白色，形成大白斑；小覆羽初级覆羽及飞羽黑褐色，外翈缘以白色狭边，三级飞羽白色边缘较宽；下体除胸部具一半圆形的黑斑外，概为白色，两胁沾灰，腋羽白色。雌鸟背部常杂以灰色或呈暗灰色，尾上覆羽较暗浓，几呈黑色，翅上白斑不甚显著。幼鸟似成鸟，但上体常呈灰褐色，头部白色部分沾土黄色；胸部黑斑还不够完整，并杂以白色羽端；下体多少沾些灰褐色。虹膜黑褐色；嘴峰和脚黑色。

生态：白鹡鸰是一种喜滨水活动的鸟类，多在河、溪边、湖沼、水渠等处活动，在离水较近的耕地附近、草地、荒坡、路边等处也可见到。多成对或3～5只结群活动，在地上或水边觅食，有时在空中捕食昆虫。

主要分布生境：红崖山水库、青土湖及农区周边季节性积水区域。

保护等级：

《中国物种红色名录》（2004）	无危
《世界自然保护联盟濒危物种红色名录》（2002）	无危
《有重要生态、科学、社会价值的陆生野生动物名录》（2021）	是

（114）黄鹡鸰 *Motacilla flava*

形态：头顶蓝灰色，额稍淡，具白色眉纹，眼先及耳羽暗灰色；背羽橄榄绿色，腰及尾上覆羽稍淡；初级飞羽黑褐色，羽缘黄白色，中覆羽和大覆羽黑褐色，羽缘淡黄，形成两道翼斑；尾羽黑色，具黄白色狭缘，中央尾羽浅缘较宽著，最外侧两对尾羽均具较大的楔状白斑，羽干亦白；颏白色，下体余部鲜黄色，胸侧及胁部沾橄榄绿色。雌雄相似。虹膜褐色；嘴、跗跖、爪黑色。

生态：栖息于河谷、林缘、原野、池畔及居民点附近。以昆虫为食，所食多为农、林、牧有害的昆虫，应加以保护。

主要分布生境：红崖山水库、青土湖及农区周边季节性积水区域。

保护等级：

《中国物种红色名录》（2004）	无危
《世界自然保护联盟濒危物种红色名录》（2002）	无危
《有重要生态、科学、社会价值的陆生野生动物名录》（2021）	是

（115）灰鹡鸰 *Motacilla cinerea*

形态：雄鸟眉纹和额纹白色，眼先、耳羽灰黑色；上体除尾上覆羽沾绿的黄色外均为暗灰褐色；中央尾羽黑色，具黄绿色狭缘，外侧三对尾羽除第二、三对的外翈大部为黑褐色外，概为白色；覆羽和飞羽黑褐色，三级飞羽外侧具宽阔的黄白色羽缘，次级飞羽基部亦具白斑，与前者并成一道翼斑；颏和喉部黑色，羽端稍白，下体其余部分黄色，两胁较淡，近白黄色。雌鸟似雄鸟，夏季眉纹、颧纹白色；颏和喉部白色，常杂以黑灰色，下体的黄色不如雄鸟鲜亮、呈黄白色，两胁近白色沾灰褐。虹膜褐色；嘴黑褐色；跗跖和趾角色，爪褐色。

生态：一般活动在河流或离河流不远的各类生境中。以昆虫为食，主要食蝗虫、松毛虫和蝇类，是很有益的食虫鸟类，应加以保护。

主要分布生境：红崖山水库、青土湖及农区周边季节性积水区域。

保护等级：

《中国物种红色名录》（2004）	无危
《世界自然保护联盟濒危物种红色名录》（2002）	无危
《有重要生态、科学、社会价值的陆生野生动物名录》（2021）	是

（116）黄头鹡鸰 *Motacilla citreola*

形态：雄鸟头部辉黄色，背及两肩黑色，腰暗灰色；尾上覆羽黑褐色，尾羽黑褐色，最外侧两对尾羽具大型的楔状白斑；翅黑褐色，中覆羽和大覆羽先端白色，初级飞羽及次级飞羽外翈具灰白色狭缘，内侧次级飞羽外翈具宽的白边，形成翅上的白色斑纹；整个下体辉黄色。雌鸟头顶黄色，羽端杂以少许灰褐色，额和头侧辉黄色；上体黑灰色，后颈及背常杂黑色羽端；下体黄色较淡。虹膜暗褐；嘴黑；跗跖和趾乌黑，爪黑色。

生态：栖息于临水草地、溪边、湖岸、农田、路边等处，多成对或结小群活动。以昆虫为食。

主要分布生境：红崖山水库、青土湖及农区周边季节性积水区域。

保护等级：

《中国物种红色名录》（2004）	无危
《世界自然保护联盟濒危物种红色名录》（2002）	无危
《有重要生态、科学、社会价值的陆生野生动物名录》（2021）	是

38. 太平鸟科 Bombycillidae

（117）太平鸟 *Bombycilla garrulus*

形态：雄鸟额及头顶前部栗色，愈向后色愈淡，头顶后部及羽冠灰栗褐色；上嘴基部、眼先、围眼至眼后形成黑色纹带，并与枕部的宽黑带相连构成一环带（枕部的宽黑带被羽冠掩盖）；背、肩羽灰褐色；腰及尾上覆羽褐灰至灰色，愈向后灰色愈浓；翅覆羽灰褐色；尾羽黑褐色，近端部渐变为黑色，羽端有0.5～0.7cm宽的黄端斑；中央2对尾羽羽轴的端部红色，并向外伸出红色的细针状蜡质突起（在旧羽常因磨损而不显）。颏、喉黑色；颊与黑喉交汇处为淡栗色，其前下缘近白，形成不清晰的颊纹；胸羽与背羽同色，腹以下褐灰；尾下覆羽栗色。虹膜暗红色；嘴黑；脚、爪黑色。

生态：越冬栖息地以针叶林及高大阔叶树为主。太平鸟在繁殖期主要以昆虫为食，秋后则以浆果为主食。

主要分布生境：植物和雨水稀少、空气干燥的荒芜地区、裸岩和起伏和缓的丘陵及农区周边区域。

保护等级：

《中国物种红色名录》（2004）	无危
《世界自然保护联盟濒危物种红色名录》（2002）	无危
《有重要生态、科学、社会价值的陆生野生动物名录》（2021）	是

39. 伯劳科 Laniidae

（118）荒漠伯劳 *Lanius isabellinus*

形态：雄鸟额基、眼先、眼周至耳羽黑色；头顶至下背暗灰；腰羽灰色染以锈棕，至尾上覆羽转为锈棕色；中央尾羽近黑，有淡棕端；外侧尾羽暗褐，内翈羽色较淡，各羽具窄的淡棕端斑；肩羽与背同色；翅覆羽及飞羽深黑褐色，初级飞羽不具翅斑，内侧飞羽及大覆羽具淡棕色外缘及端缘。颏、喉白色，颈侧略染锈色；胸以下白色但染以较重的锈棕色；胁羽、股羽及尾下覆羽锈棕。虹膜暗褐色；嘴黑（幼龄者下嘴基角色）；腿黑色。

生态：栖息于自平原至海拔4000m的山地疏林地区，在农田及农舍附近较多。以昆虫为主食。繁殖期5～7月。巢为杯状，置于枝干基部。

主要分布生境：植物和雨水稀少、空气干燥的荒芜地区、裸岩和起伏和缓的丘陵及农区周边区域。

保护等级：

《中国物种红色名录》（2004）	无危
《世界自然保护联盟濒危物种红色名录》（2002）	无危
《有重要生态、科学、社会价值的陆生野生动物名录》（2021）	是

（119）灰背伯劳 *Lanius tephronotus*

形态：体长22～25cm的中型伯劳。雌雄相似。成鸟额部至后枕部灰色，贯眼纹黑色，无眉纹。脸颊、颏部、喉部、胸部、腹部白色，两胁略带棕红色。背部、翼上覆羽灰色，飞羽近黑色。尾上覆羽、尾羽深褐色。幼鸟似成鸟，体羽多褐色鳞状斑纹。虹膜黑色；喙铅灰色；跗跖深灰色。

生态：国内见于甘肃、四川、云南、西藏等地，为夏候鸟；有个体于西南地区越冬。常栖息于低山次生阔叶林和混交林的林缘生境，亦见于村寨、农田、稀树草坡等生境，夏季通常上至2000～4000m的林缘地带。主要以昆虫为食。

主要分布生境：植物和雨水稀少、空气干燥的荒芜地区、裸岩和起伏和缓的丘陵。

保护等级：

《中国物种红色名录》（2004）	无危
《世界自然保护联盟濒危物种红色名录》（2002）	无危
《有重要生态、科学、社会价值的陆生野生动物名录》（2021）	是

（120）楔尾伯劳 *Lanius sphenocercus*

形态：大型伯劳，上体灰色，中央尾羽及翅羽黑色，初级飞羽具大型白色翅斑；尾特长，凸形尾。额基白色，略染淡棕，有鲜明而宽的眼上纹；自头顶至尾上覆羽灰色；肩羽与背羽同色，但外翈灰白；中央尾羽黑色具白端斑；其外侧的一对大部黑色，羽基外翈及羽端白色；其外的一对外翈白色并具较明显的白内翈基部和大形白端斑；最外3对尾羽纯白，羽轴的中段黑色；翅覆羽黑色，初级覆羽具淡白色羽缘和羽端；眼先黑色杂有灰褐羽，眼周、过眼及耳羽黑色。颏、喉白色；胸以下灰白略沾淡粉棕色。虹膜暗褐色；嘴、脚黑色；幼鸟及雏鸟的嘴、脚为角褐色。

生态：栖息于自平原到山地、河谷的林缘及疏林地带，尤以草地林地和半荒漠疏林地带为多。繁殖期5～7月，在乔木或灌木上筑巢。

主要分布生境：植物和雨水稀少、空气干燥的荒芜地区、裸岩和起伏和缓的丘陵。

保护等级：

《中国物种红色名录》（2004）	无危
《世界自然保护联盟濒危物种红色名录》（2002）	无危
《有重要生态、科学、社会价值的陆生野生动物名录》（2021）	是

（121）红尾伯劳 *Lanius cristatus*

形态：额至头顶前部为淡灰色，自后头至上背、肩羽逐渐转为褐色；下背、腰和尾上覆羽棕褐；尾羽棕褐，具有多数深褐色的隐横斑；自嘴基至眼先过眼有一宽阔的黑纹直达耳区；眼上有白色眉纹后延至耳羽上方；翅覆羽及飞羽黑褐色，大覆羽和内侧飞羽外翈有宽阔的淡棕色缘，中覆羽亦微具淡缘。颏、喉纯白，下体余部棕白，胁羽棕色较浓；下腹中央近白色。虹膜暗褐色；嘴黑；脚铅褐色。

生态：常见平原、丘陵至低山区。食物多以昆虫为主。

主要分布生境：起伏和缓的丘陵及红崖山水库、青土湖，农区周边季节性积水区域。

保护等级：

《中国物种红色名录》（2004）	无危
《世界自然保护联盟濒危物种红色名录》（2002）	无危
《有重要生态、科学、社会价值的陆生野生动物名录》（2021）	是

（122）灰伯劳 *Lanius excubitor*

形态：体长22～27cm的中型伯劳。雌雄相似。成鸟额部至枕部浅灰色，贯眼纹近黑色，无显著眉纹。脸颊、颏部、喉部白色。胸部、腹部白色具不显著鳞纹。背部浅灰色，两翼多黑色，次级飞羽基部具一甚窄的白色翼斑。尾上覆羽灰色或白色，尾羽近黑色。幼鸟似成鸟，胸部、腹部鳞状斑纹显著。似楔尾伯劳，辨识见相应种描述。虹膜黑色；喙铅灰色；附跖深灰色。

生态：国内见于西北、东北及华北部分地区，于西北地区为夏候鸟。常栖息于低山丘陵、山脚平原、沼泽、草地、森林苔原、旷野、耕地及半荒漠等地带，尤喜有稀疏树木和灌丛的开阔地区。主要以鼠类、小型鸟类、蛙类、昆虫为食。

主要分布生境：植物和雨水稀少、空气干燥的荒芜地区或裸岩及季节性积水区、农区周边。

保护等级：

《中国物种红色名录》（2004）	无危
《世界自然保护联盟濒危物种红色名录》（2002）	无危
《有重要生态、科学、社会价值的陆生野生动物名录》（2021）	是

40. 椋鸟科 Sturniade

（123）紫翅椋鸟 *Sturnus vulgaris*

形态：体长20～24cm的中型鸟。雌雄相似。繁殖羽眼先黑色，喉部、颈部及背部羽毛延长呈穗状，通体黑色闪紫色及绿色金属光泽，背部、胸腹部至尾下覆羽具白色端斑而使上述部分呈星状斑驳。非繁殖羽似繁殖羽，但无延长的羽毛，且头颈部羽毛末端亦为白色而通体呈星状斑驳。幼鸟灰褐色，眼先黑色，下体具白色纵纹，常随换羽的进行具成鸟部分羽色，与粉红椋鸟幼鸟的区别见相应种描述。虹膜深褐色；喙黑色；跗跖深褐色。

生态：国内于西北部繁殖，冬季进行爆发式迁徙因而几乎有记录于全国各地。集群活动于疏林开阔地带，亦适应城市环境。

主要分布生境：红崖山水库、青土湖及农区周边季节性积水区域。

保护等级：

《中国物种红色名录》（2004）	无危
《世界自然保护联盟濒危物种红色名录》（2002）	无危
《有重要生态、科学、社会价值的陆生野生动物名录》（2021）	是

（124）灰椋鸟 *Sturnus cineraceus*

形态：体长20～24cm。雌雄相似。头部大致黑褐色，头顶、眼先及耳羽白色具黑色杂纹。颈部及胸部深褐色，背部、覆羽及下体褐色具灰褐色细纹。飞羽黑褐色，次级飞羽外翈具白色形成浅色翼纹。腰部及尾下覆羽白色，尾羽黑色而末端具白斑。幼鸟耳羽灰褐色，体羽亦更灰。虹膜深褐色；喙橙色，末端暗色；跗跖黄褐色。

生态：国内常见于东部及中部开阔生境。于北方繁殖，越冬于黄河流域以南；部分种群不迁徙。习性似其他椋鸟。

主要分布生境：红崖山水库、青土湖及农区周边季节性积水区域。

保护等级：

《中国物种红色名录》（2004）	无危
《世界自然保护联盟濒危物种红色名录》（2002）	无危
《有重要生态、科学、社会价值的陆生野生动物名录》（2021）	是

41. 鸦科 Corvidae

（125）喜鹊 *Pica pica*

形态：中小型鸟，雄鸟全长44cm、翅长21cm、嘴峰3.3cm、跗跖5cm，体重250g。两肩各有一大块白斑；初级飞羽内翈及腹部纯白色，翅具蓝或绿色金属光泽；余部黑色。尾较长，楔形；虹膜黑褐色；嘴黑色；跗跖、趾、爪均黑。

生态：喜鹊地理分布极广，平原、山区、森林边缘、农田、草原、市镇、市内都能看到。终年成对活动。性机警，杂食性。

主要分布生境：植物和雨水稀少、空气干燥的荒芜地区或裸岩及季节性积水区、农区周边。

保护等级：

《中国物种红色名录》（2004）	无危
《世界自然保护联盟濒危物种红色名录》（2002）	无危
《有重要生态、科学、社会价值的陆生野生动物名录》（2021）	是

（126）灰喜鹊 *Cyanopica cyanus*

形态：体长32～40cm的中型鸦科鸟类。雌雄相似。头顶、头侧至枕部为黑色，喉和颈侧白色。上体灰色为主，但部分亚种略带紫色。大部分飞羽外翈天蓝色，内翈灰色，部分覆羽亦为天蓝色，是飞行和停歇时均易于观察的识别特征。下体灰褐色，尾较长（16～25cm），亦呈天蓝色，其中两枚中央尾羽具白色端斑。虹膜深褐色；喙黑色；跗跖黑色。

生态：国内见于东部、中部地区，以及海南，为留鸟；香港和云南部分地区有引种或逃逸个体但群体数量不稳定。区域性常见于低海拔各种生境（林地、农田、湿地和城市等），喜集群活动，时常围攻猛禽。

主要分布生境：红崖山水库、青土湖及农区周边季节性积水区域。

保护等级：

《中国物种红色名录》（2004）	无危
《世界自然保护联盟濒危物种红色名录》（2002）	无危
《有重要生态、科学、社会价值的陆生野生动物名录》（2021）	是

（127）秃鼻乌鸦 *Corvus frugilegus*

形态：体全长44～49cm，尾长17～19cm。嘴除基部皮肤裸出被鳞状外皮为灰白色外，余为黑色。鼻孔裸露，无羽须掩盖。虹膜褐色。通体亮黑色，除外侧飞羽和尾羽闪铜绿色光泽外，余部具暗紫色金属光泽。跗跖、趾为纯黑色；爪黑色。

生态：栖息于海拔650～3500m的林缘及山间大树上，常在平原、田间、村庄、道路等处寻食，群居。食性杂。3月营巢，4月产卵，每窝产卵3～4枚。

主要分布生境：村镇及农区边缘。

保护等级：

《中国物种红色名录》(2004)	无危
《世界自然保护联盟濒危物种红色名录》(2002)	无危
《有重要生态、科学、社会价值的陆生野生动物名录》(2021)	是

（128）小嘴乌鸦 *Corvus corone*

形态：雄成鸟体长45cm，体重430g，通体黑色，沾紫蓝色光泽。与秃鼻乌鸦的区别在嘴基部被黑色羽，与大嘴乌鸦的区别在额弓较低，嘴虽强劲但形显细。虹膜褐色；嘴黑色；脚黑色。

生态：结群性鸟，多见于村镇附近的农田、山坡、林缘。3月中筑巢。杂食性，益害兼有。

主要分布生境：村镇及农区边缘。

保护等级：

《中国物种红色名录》(2004)	无危
《世界自然保护联盟濒危物种红色名录》(2002)	无危

（129）大嘴乌鸦 *Corvus macrorhynchos*

形态：全身羽毛黑色，除头顶、枕、后颈和颈侧光泽较弱外，其他包括背、肩、腰、翼上覆羽和内侧飞羽在内的上体均具紫蓝色金属光泽。初级覆羽、初级飞羽和尾羽具暗蓝绿色光泽。下体乌黑色或黑褐色。喉部羽毛呈披针形，具有强烈的绿蓝色或暗蓝色金属光泽。其余下体黑色具紫蓝色或蓝绿色光泽，但明显较上体弱。喙粗且厚，上喙前缘与前额几成直角。虹膜褐色或暗褐色，嘴、脚黑色。

生态：林地、草原、田间、庄园、城郊均可见到。杂食性。3月筑巢，益害兼有，害大益小。

主要分布生境：村镇及农区边缘。

保护等级：

《中国物种红色名录》（2004）	无危
《世界自然保护联盟濒危物种红色名录》（2002）	无危

（130）红嘴山鸦 *Pyrrhocorax pyrrhocorax*

形态：体长36～47cm的中型鸦科鸟类。雌雄相似。喙较长而下弯，呈红色（幼鸟喙为黄色）。全身羽毛几全为黑色，两翼闪紫黑色金属光泽，尾短。本种由于喙的形状、颜色比较特殊而容易识别，但体形与黄嘴山鸦相似，成鸟可凭借喙的颜色快速辨识；幼鸟的喙虽然亦呈黄色，但喙较长（本种喙长约等于头长，而黄嘴山鸦喙长明显短于头长），且尾较短（本种停歇时翼尖与尾端等长或超过尾端，而黄嘴山鸦翼尖未达尾端）。虹膜红褐色；喙红色，幼鸟黄色；跗跖红色。

生态：国内主要分布于西部、华中至华北，以及东北部分地区，为区域性常见留鸟，喜在山区或高原集小群盘旋，善鸣，性喧闹。部分地区于冬季会向低海拔做短距离迁移而出现在平原地区。

主要分布生境：村镇及农区边缘。

保护等级：

《中国物种红色名录》（2004）	无危
《世界自然保护联盟濒危物种红色名录》（2002）	无危
《有重要生态、科学、社会价值的陆生野生动物名录》（2021）	是

（131）白尾地鸦 *Podoces biddulphi*

形态：体长27～31cm的小型鸦科鸟类。雌雄相似。喙长而略下弯，顶冠为黑色，颊部、喉部亦略带黑色，但黑色面积视季节和个体不同而有差异，头部其他部分、上体、下体为淡黄褐色。初级飞羽白色为主，具黑色端斑；次级飞羽紫黑色具白色端斑，停歇时形成翼上两块白色区域，飞行时亦尤为明显。尾较短，两枚中央尾羽为淡黄褐色，其余尾羽白色，可以借此区分本种与相似种黑尾地鸦。虹膜黑褐色；喙黑色；跗跖黑色。

生态：中国特有种，为少见留鸟。习性似黑尾地鸦，喜多灌木的荒漠区域。

主要分布生境：植物和雨水稀少、空气干燥的荒芜地区、裸岩和起伏和缓的丘陵。

保护等级：

《国家重点保护野生动物名录》（2021）	二级
《中国物种红色名录》（2004）	近危
《世界自然保护联盟濒危物种红色名录》（2002）	易危

（132）黑尾地鸦 *Podoces hendersoni*

形态：身沙褐色，额、头顶以至后颈呈金属紫蓝辉的黑色。头侧乳黄色。整个背面，包括两肩葡萄褐色。翅的中、小覆羽与背同色，最外侧的小翼羽白色；大覆羽呈发紫蓝色光辉的黑色；初级飞羽白色，近基部和近先端的1/3黑色，愈向内侧的飞羽，近端的黑色逐渐缩小；次级飞羽黑色，呈发紫蓝色光泽；三级飞羽同背色。尾上覆羽乳色，尾羽同头色。颏和喉乳白，下体余部均呈乳黄色，肛周及尾下覆羽变淡近白。虹膜褐色；嘴和脚黑色。

生态：多于稀疏的盐生灌木和半灌木内的地面活动，不远飞，飞得也不高，喜欢刨土，以种子及无脊椎动物为食的地鸦。

主要分布生境：植物和雨水稀少、空气干燥的荒芜地区、裸岩和起伏和缓的丘陵。

保护等级：

《国家重点保护野生动物名录》（2021）	二级
《国家重点保护野生动物》（2004）	近危
《世界自然保护联盟濒危物种红色名录》（2002）	易危

42. 鹟科 Turdidae

（133）漠䳭 *Oenanthe deserti*

形态：雄鸟头顶、肩及背部土棕色，前额羽色较浅淡；肩纹白色；腰及尾上覆羽白色；尾羽黑色，羽基白色；颊、耳羽、颏、喉及翅上覆羽黑色；飞羽黑褐色，内翈基部白色；胸部浅棕色；腹及尾下覆羽白色；腋羽黑色，先端白色。雌鸟与雄鸟相似，但头部无黑色，脸部略沾黑；飞羽褐色，外翈具浅沙色窄缘；体羽较雄鸟浅淡。虹膜暗茶色；嘴、跗跖、趾等黑色。

生态：此鸟栖息高度在海拔2500～4000m，环境多为多石的平原、山地砾漠、干旱荒漠、山地荒漠、荒漠和半荒漠地带。

主要分布生境：植物和雨水稀少、空气干燥的荒芜地区、裸岩和起伏和缓的丘陵。

保护等级：

《中国物种红色名录》（2004）	无危
《世界自然保护联盟濒危物种红色名录》（2002）	无危
《有重要生态、科学、社会价值的陆生野生动物名录》（2021）	是

（134）白顶䳭 *Oenanthe pleschanka*

形态：雄鸟头顶、后颈白色；背、肩黑色；腰、尾上覆羽白色；尾羽白色，末端黑色，中央尾羽先端黑色约占尾羽长度的1/2，最外侧一对尾羽的黑端约占尾长的1/4；飞羽及翅上覆羽黑褐色；颏、喉、眼先、颊、耳羽、颈侧及上胸等均黑色；下胸、腹、尾下覆羽白色。雌鸟头、背褐色；颊棕白色；颏、喉淡黑褐色，缀以浅淡灰棕褐色羽端缘；下胸具淡棕色领圈；飞羽、翅上覆羽、腋羽暗褐色；腹至尾下覆羽淡葡萄酒色。虹膜黑褐色或红褐色；嘴、跗跖、趾、爪等黑色。

生态：常栖于干旱而较贫瘠的荒漠、多卵石的草地上、山地荒漠的多石地段、农田间荒地、山前缓坡、灌丛、矮树或岩石间，飞至地上觅食，食后又飞回原处。食物多以昆虫为主。

主要分布生境：植物和雨水稀少、空气干燥的荒芜地区、裸岩和起伏和缓的丘陵。

保护等级：

《中国物种红色名录》（2004）	无危
《世界自然保护联盟濒危物种红色名录》（2002）	无危
《有重要生态、科学、社会价值的陆生野生动物名录》（2021）	是

（135）沙䳭 *Oenanthe isabellina*

形态：雄鸟眼先黑色；眉纹白色；上体沙褐色；尾上覆羽及尾羽基部白色；中央尾羽几乎全黑，其余尾羽白色，而端部长2～5mm则为黑色；飞羽暗褐色，外翈具细窄的淡沙色羽缘，内翈具宽阔的白色边缘，翅上覆羽褐色，外缘稍淡，腋羽及翼下覆羽白色；下体沙灰色，胸部略沾锈色。雌雄相似。雌鸟比雄鸟羽色稍淡，无显著差异。虹膜暗褐色；嘴、跗跖及趾等黑色。

生态：多见于干旱荒漠，如砾石荒漠、灌丛荒漠、固定沙丘地带、干旱区的农耕地。

主要分布生境：植物和雨水稀少、空气干燥的荒芜地区、裸岩和起伏和缓的丘陵及农区边缘。

保护等级：

《中国物种红色名录》（2004）	无危
《世界自然保护联盟濒危物种红色名录》（2002）	无危
《有重要生态、科学、社会价值的陆生野生动物名录》（2021）	是

（136）穗䳭 *Oenanthe oenanthe*

形态：体长14～16cm的小到中型鸫科鸟类。雌雄相似。上体为沙褐色或灰褐色，具白色眉纹，眼先黑色（雌鸟眼先褐色），腰及尾上覆羽白色。下体为淡沙褐色，中央一对尾羽仅基部小段为白色，其他部分为黑色，其余尾羽为白色，具黑色端斑。与漠䳭雌鸟相似，但本种眼先颜色较深，且尾羽大部分呈白色而非黑色。此外，本种翼下覆羽为近白色，而漠䳭翼下覆羽为深灰褐色，飞行时比较明显。虹膜深褐色；喙黑色；跗跖黑色。

生态：主要生境与漠䳭相似，为开阔且有稀疏灌木的荒漠。

主要分布生境：植物和雨水稀少、空气干燥的荒芜地区、裸岩和起伏和缓的丘陵。

保护等级：

《中国物种红色名录》（2004）	无危
《世界自然保护联盟濒危物种红色名录》（2002）	无危
《有重要生态、科学、社会价值的陆生野生动物名录》（2021）	是

（137）北红尾鸲 *Phoenicurus auroreus*

形态：雄鸟头部灰白，两翅黑色，具明显的白色翼斑，腰和尾羽棕色，中央尾羽黑褐色；颏、喉、颈侧均黑，下体余部棕色。雌鸟除尾羽棕色外，其余部分以灰褐色为主。

生态：常成对或单个活动在山地、河谷、林缘、耕地或居民点附近的灌丛或低矮树上。多在道路两侧的次生林或阔叶林内觅食。

主要分布生境：起伏和缓的丘陵及农区边缘。

保护等级：

《中国物种红色名录》（2004）	无危
《世界自然保护联盟濒危物种红色名录》（2002）	无危
《有重要生态、科学、社会价值的陆生野生动物名录》（2021）	是

（138）白背矶鸫 *Monticola saxatilis*

形态：雄鸟头和颈的全部、背的最上部均辉蓝色；背的余部以至腰部铅蓝，背的中央白色，或多或少地沾染蓝色；较长的尾上覆羽棕栗色；中央尾羽暗褐；外侧尾羽棕栗色，外缘一些褐色；翅上的小覆羽与背同色，余羽暗褐，并除初级飞羽以外，大都具白色羽端；下体大都棕色。雌鸟自头至腰，包括翅上的小覆羽等均淡灰褐色，各羽微具白端和黑色次端斑；两翅余羽亦然，不过白色羽端更明显而沾棕，次端斑的黑色亦较著；较长的尾上覆羽棕色，各羽亦杂以上述的端斑和次端斑；尾羽与雄鸟相似。下体大都白色，自胸以下均杂以黑褐色波状狭斑；尾下覆羽及腋羽均棕白。亚成鸟羽色酷似雌鸟，但两翅上的黑色和棕白色的斑都更显著，下体棕白，黑纹大多呈鳞状。虹膜乌褐；嘴黑褐（雄）或稍淡（雌）；脚和趾均黑。

生态：栖息于山地海拔较高的地区，活动在山坡岩石间灌丛中；捕食昆虫，亦兼食野生浆果、果实及种子。

主要分布生境：植物和雨水稀少、空气干燥的荒芜地区、裸岩和起伏和缓的丘陵。

保护等级：

《中国物种红色名录》（2004）	无危
《世界自然保护联盟濒危物种红色名录》（2002）	无危
《有重要生态、科学、社会价值的陆生野生动物名录》（2021）	是

（139）红尾斑鸫 *Turdus naumanni*

形态：体长21～25cm的较大型鸫科鸟类，雄鸟上体褐色，眉纹棕红色、眼先及耳灰褐色、颏、喉至颈侧及胸部呈棕红色、下胸、两胁及尾下覆羽各羽为棕红色，但具白色羽缘，形成密集的棕红色及白色鳞状斑。腹部白色。两翼为深褐色。飞羽覆羽外翈具皮黄色或淡棕色羽缘。尾羽以褐色为主、外侧尾羽大部分为棕红色。雌鸟似雄鸟但眉纹及颏、喉的棕红色较淡（或为皮黄色），且喉部具黑色细纵纹。与白眉歌鸫及斑鸫相似、辨识分别见相应种描述。虹膜深褐色，喙黑色，下喙基部黄色；跗跖灰褐色。

生态：见于林地、开阔田野及城市等各种生境，冬季集大群。

主要分布生境：植物和雨水稀少、空气干燥的荒芜地区、裸岩和起伏和缓的丘陵及季节性积水区域。

保护等级：

《中国物种红色名录》（2004）	无危
《世界自然保护联盟濒危物种红色名录》（2002）	无危
《有重要生态、科学、社会价值的陆生野生动物名录》（2021）	是

三 鸟纲 AVES

（140）白腹鸫 *Turdus pallidus*

形态：中等大小鸫类。雄鸟额、头顶、枕等均棕灰褐色，额基褐色较浓；眼先、颊和耳羽黑褐，后者具浅黄白色细纹；上体余部大都橄榄褐色；飞羽内翈黑褐色，初级和次级飞羽外翈淡灰色，三级飞羽外翈与背同色；尾羽黑褐沾灰，最外侧2对尾羽有宽阔的白色端斑。颏黄白色；喉灰色沾褐；胸和两肋灰褐；腹部中央及尾下覆羽白色沾灰，但尾下覆羽具灰或灰褐色斑点。雌鸟和雄鸟相似，但头部褐色较浓，初级飞羽和三级飞羽外翈与背同色。喉白具少许褐斑。虹膜褐色；上嘴褐色，下嘴黄色，嘴尖淡褐色；脚黄色。

生态：主要栖息于幽暗低树林中，分布于平地到海拔2800m山地的森林中。

主要分布生境：植物和雨水稀少、空气干燥的荒芜地区、裸岩和起伏和缓的丘陵。

保护等级：

《中国物种红色名录》（2004）	无危
《世界自然保护联盟濒危物种红色名录》（2002）	无危
《有重要生态、科学、社会价值的陆生野生动物名录》（2021）	是

（141）赤颈鸫 *Turdus ruficollis*

形态：雄鸟上体自头至尾上覆羽灰褐，额和冠羽中线较暗色；大覆羽和飞羽暗褐染银灰；尾棕栗，中央一对尾羽具较宽而两侧尾羽较窄的褐色羽缘；颊、眉纹、颏、喉及上胸等均赤褐，而颏和喉等的两侧有少量黑斑；耳羽和颈侧灰色；腋羽及翼下覆羽棕栗；下胸至尾下覆羽白色，后者稍染棕栗。雌鸟上体与雄鸟相似。眉纹色较淡，呈浅皮黄色；颏和喉白具缘以栗色黑褐斑点；胸灰褐具栗色横斑，这些横斑在喉部后缘连成领状；腹和尾下覆羽灰色，两胁具暗褐色细纹。

生态：迁徙时大都栖息于平原及山坡的灌木疏林中，也见于果园、田间高大乔木上，或在水边的草坪上，跳跃地进行觅食活动。有时结成小群，也见它和斑鸫混群。

主要分布生境：植物和雨水稀少、空气干燥的荒芜地区、裸岩和起伏和缓的丘陵及农区边缘。

保护等级：

《中国物种红色名录》（2004）	无危
《世界自然保护联盟濒危物种红色名录》（2002）	无危
《有重要生态、科学、社会价值的陆生野生动物名录》（2021）	是

43. 苇莺科 Acrocephalidae

（142）东方大苇莺 *Acrocephalus orientalis*

形态：体长16.5～19cm的大型莺科鸟类。雌雄相似。上体棕褐色，具白色眉纹和褐色贯眼纹，羽暗褐色，具棕色羽缘，尾羽暗褐色。下体以白色为主，胸部具灰褐色纵纹，但野外观察时通常甚不明显。幼鸟与成鸟相似，但上体更偏棕色，且下体褐色较显著。与东亚蝗莺相似，辨识见相应种描述。本种与大苇莺相似但体形稍小，且本种上体偏棕色而非灰褐色。与厚嘴苇莺相似，但本种眉纹显著，且尾羽较厚，嘴短。与噪苇莺相似，辨识见该种描述。虹膜褐色；喙深灰色，下喙基部粉色或黄色；附跖灰褐色。

生态：主要活动于低海拔近水的苇丛、草丛、灌丛等，为苇莺类的典型习性，常藏于苇丛中高声鸣叫。

主要分布生境：红崖山水库、青土湖及农区周边季节性积水区域。

保护等级：

《中国物种红色名录》（2004）	无危
《世界自然保护联盟濒危物种红色名录》（2002）	无危
《有重要生态、科学、社会价值的陆生野生动物名录》（2021）	是

44. 柳莺科 Phylloscpidae

（143）褐柳莺 *Phylloscopus fuscatus*

形态：体型小（体长11cm左右）。上体几呈纯橄榄色；眉纹不显，前白后沾棕；贯眼纹暗褐色；颊和耳羽呈褐色，稍沾棕锈色；翅暗褐色，外翈羽缘亦缀以橄榄色。下体、颏、喉及腹部中央近白，微沾棕色；胸和两胁污白沾褐；尾下覆羽、腋羽和翅下覆羽棕白色。两性羽色相似。幼鸟类似成鸟。上体呈暗橄榄褐色；眉纹污灰白色；下体淡棕黄色。虹膜暗褐色；嘴黑褐色，下嘴基部橙黄色，嘴尖端褐色；跗跖淡褐色，爪褐色。

生态：栖息于稀疏的阔叶林及灌丛间。主食鳞翅目幼虫。

主要分布生境：红崖山水库、青土湖及农区周边季节性积水区域。

保护等级：

《中国物种红色名录》（2004）	无危
《世界自然保护联盟濒危物种红色名录》（2002）	无危
《有重要生态、科学、社会价值的陆生野生动物名录》（2021）	是

45. 莺鹛科 Sylviidae

（144）漠白喉林莺 *Sylvia curruca*

形态：体型小（体长10～13cm）。上体概呈沙褐色；头顶的颜色多变，有的与背同色，有的稍沾灰色，有的呈灰色，头侧的色泽亦有不同，一般均与头顶同色；自嘴基穿过眼，向后伸展至枕部的贯眼纹，呈暗褐，或黑褐色，飞羽褐色，具淡砂褐色羽缘；尾羽几呈暗褐色，外侧尾羽具白色狭缘，中央尾羽灰褐，羽轴黑褐色，最外侧一对尾羽除内翈基部褐色外，余部及外翈全白色，羽端具白色楔状斑。下体白色，胸和两胁缀以淡粉色。雌雄两性羽色相似。虹膜鲜黄色、褐色或内圈浅褐色，外圈乳黄色；嘴褐色，或黑色，下嘴基部较淡；脚呈黄缘色或灰铅色。

生态：栖息环境较广，从山麓的农作区，到森林林缘及仅有疏树生长的灌丛草坡，平原、湖泊、河流、苇塘、戈壁、荒漠、半荒漠等灌木、草丛中，还有裸露多石山丘，荒漠沙丘中。食物主要为昆虫，兼食一些植物性食物。

主要分布生境：植物和雨水稀少、空气干燥的荒芜地区或裸岩及季节性积水区、农区周边。

保护等级：

《中国物种红色名录》（2004）	无危
《世界自然保护联盟濒危物种红色名录》（2002）	无危
《有重要生态、科学、社会价值的陆生野生动物名录》（2021）	是

（145）山鹛 *Rhopophilus pekinensis*

形态：前额、头顶褐沙色，具深褐色纵形条纹；前额纵纹较细密，头顶纵纹较前额稀疏；背部和腰部与头顶同色但褐色纵纹更稀；眼先和颊部黑色；耳羽浅褐沙色；飞羽褐色，初级飞羽外翈边缘浅褐灰色；小翼羽外翈边缘浅土黄色；覆羽淡褐色；中央尾羽淡褐色，羽端无异色、外侧尾羽深褐色，羽端和最外侧尾羽外翈边缘灰白色；颏部微黑色；喉部和胸部纯白；腹部白色具栗色纵纹。雌雄同色。虹膜暗褐色；上嘴角褐色，下嘴浅黄色；跗跖、爪肉褐色。

生态：喜栖息于稀疏的林缘、平原多灌丛地、低山矮灌间或芦苇的荒漠地区。性活泼；善于在地上奔驰；善于鸣叫，声音嘹亮。完全以昆虫为食。

主要分布生境：植物和雨水稀少、空气干燥的荒芜地区、裸岩和起伏和缓的丘陵。

保护等级：

《中国物种红色名录》（2004）	无危
《世界自然保护联盟濒危物种红色名录》（2002）	无危
《有重要生态、科学、社会价值的陆生野生动物名录》（2021）	是

46. 鸦雀科 Paradoxornithidae

（146）文须雀 *Panurus biarmicus*

形态：雄鸟前额到头顶浅灰色，耳羽亦为浅灰色；眼先黑色一直延伸至颈侧，背部至尾上覆羽棕肉桂色，尾上覆羽略沾粉红色；翅上覆羽深褐色近黑，羽缘浅棕色；小翼羽深褐色，外翈白色；翅淡褐色，初级飞羽外翈边缘浅棕色，最内侧2～3枚次级飞羽，外翈深褐色接近黑色；尾羽与背部同色，最外侧一对尾羽外翈白色，内翈黑色，外侧尾羽末端白色；下体从须到胸部白色略沾粉红色；下胸到腹部中央粉红色，外侧与背部同色，下腹白色沾黄；尾下覆羽黑色。雌鸟与雄鸟近似但略有差别，雌鸟比雄鸟颜色淡，但头顶不为灰色而为沙色略沾肉桂色，比背部的羽色较淡，无黑色嘴须，尾下覆羽不为黑色而为白色略沾黄；下体喉到上胸白色，余部淡肉桂色。虹膜淡黄色；雄鸟的嘴黄色，雌鸟和幼鸟上嘴褐色，下嘴黄色；跗跖、趾和爪均黑色。

生态：此鸟常集十几只或二十几只的小群，出没在水边杨、柳树的枝叶间和芦苇的顶端，啄食柳树的嫩芽或觅食芦苇顶端的种子。

主要分布生境：红崖山水库、青土湖及农区周边季节性积水区域。

保护等级：

《中国物种红色名录》（2004）	无危
《世界自然保护联盟濒危物种红色名录》（2002）	无危
《有重要生态、科学、社会价值的陆生野生动物名录》（2021）	是

47. 雀科 Passeridae

（147）麻雀 *Passer montanus*

形态：成鸟从额至后颈纯肝褐色；上体砂褐色，背部具黑色纵纹，并缀以棕褐色；尾暗褐色，羽缘较浅淡；翅小覆羽栗色，中覆羽的基部呈灰黑色，具白色沾黄的羽端，大覆羽大都黑褐色，外翈具棕褐色边缘，羽端转为近白；小翼羽、初级覆羽以及全部飞羽均黑褐色，各羽具狭细的淡棕褐色边缘，外侧初级飞羽的缘纹，除第一枚外，在羽基和近端处形稍扩大，互相骈缀，略成两道横斑状，这是该属（Passer）鸟的一个共同特征。内侧次级飞羽的羽缘较阔，棕色亦较浓着；眼的下缘、眼先、颏和喉的中部均黑色；颊、耳羽和颈侧概白，耳羽后各具一黑色块斑；胸和腹淡灰近白，沾有褐色，两胁转为淡黄褐色，尾下覆羽与之相同，但色更淡，各羽具宽的较深色的轴纹，腋羽色同胁部。虹膜暗红褐色；嘴一般为黑色，但冬季有的呈角褐色，下嘴呈黄色，特别是基部；脚和趾等均污黄褐色。

生态：麻雀由于和人类关系甚为密切，因此也较多见，是人们最熟悉的一种鸟。栖息环境很广，但一般栖息在居民点或其附近的田野。主要以各种农作物为食。

主要分布生境：植物和雨水稀少、空气干燥的荒芜地区、裸岩和起伏和缓的丘陵。

保护等级：

《中国物种红色名录》（2004）	近危
《世界自然保护联盟濒危物种红色名录》（2002）	无危
《有重要生态、科学、社会价值的陆生野生动物名录》（2021）	是

（148）黑顶麻雀 *Passer ammodendri*

形态：雄鸟（夏羽）头顶中央黑色，两侧沙棕色；背、肩及腰部亦呈沙棕色，背部具稀疏的黑色纵纹；尾、翅羽淡黑褐，均具淡棕或沙棕色羽缘，内侧飞羽外翈羽缘尤为宽阔，翅上更具一宽一狭的二道白色横斑，翼弯处为黑色；眼先、颏、喉等概黑色；颊、喉侧及下体余部白色，体侧微沾淡沙棕色。雄鸟头顶的黑色羽毛具宽阔的沙棕色羽缘，使黑色被间隔成斑点状。雌鸟翅羽及尾羽褐或淡褐色，其羽缘与上体其余部分为沙棕色，背具或多或少的褐色纵纹；翅具有与雄鸟一样的横斑；有一宽阔的淡红褐色眉纹；颏至胸及体侧沙棕色，喉具一稍暗色的块斑；腹部更淡而近白色。虹膜褐色；雄鸟嘴黑色，秋天转褐，雌鸟嘴为黄褐色；脚肉黄色。

生态：栖息于海拔850～1100m地带，常群聚于荒漠红柳及胡杨树间，也见于沼泽地，一般成对或3～5只的小群活动。主要以昆虫为食，有象甲、瓢甲、金龟甲、虎甲及其他甲虫。

主要分布生境：植物和雨水稀少、空气干燥的荒芜地区、裸岩和起伏和缓的丘陵。

保护等级：

《中国物种红色名录》（2004）	无危
《世界自然保护联盟濒危物种红色名录》（2002）	无危
《有重要生态、科学、社会价值的陆生野生动物名录》（2021）	是

48. 燕雀科 Fringilliidae

(149) 金翅雀 *Carduelis sinica*

形态：雄鸟（春羽）额橄榄黄色；头顶、枕部、耳羽和颈侧浅灰而沾橄榄黄色；眼先暗褐；背和肩羽深褐；腰和短的尾上覆羽橄榄黄色，长的尾上覆羽灰色；中央尾羽黑色，羽缘和尖端灰白，其余尾羽的基段鲜黄，末段黑色，羽缘均灰；小、中覆羽与背同色而较绿；大覆羽比背羽色淡；小翼羽黑色，其羽基和外翈橄榄黄色；初级覆羽黑色，飞羽黑而尖端白，初级飞羽具金黄色块斑，内侧次级飞羽和三级飞羽的羽缘和尖端淡灰；颊额和喉橄榄黄色；胸、腹侧和两胁污褐而沾灰；腹部中央鲜黄，下延至肛周近白色；尾下覆羽鲜黄；翼下覆羽和腋羽鲜黄色。雄鸟（冬羽）与春羽的区别在于色泽较褐，羽的灰色部分沾灰；飞羽尖端和羽缘均较褐，体羽的黄色部分也不如春羽鲜亮。雌鸟与雄鸟近似，但羽色较暗，上体较褐；头部微带黑褐色条纹，背上条纹也较暗；腰和尾上覆羽淡褐而沾黄绿；尾和雄鸟相似；两翼黑色，但羽缘褐色；颊和喉灰白色；胸和腹侧均淡褐而微沾黄；腹部中央微白；尾下覆羽、翼下覆羽和腋羽灰白而微沾黄色。幼鸟头顶和背部与雌鸟相似，但色较淡；背羽淡褐而具暗色条纹；下体具褐色条纹。虹膜栗褐色；嘴肉黄色，尖端暗浓；脚淡灰红色。

生态：常见于山脚下、丘陵或平原的高大树上、苗圃、公园和近人村寨的树丛中。飞翔迅速，直线前进。食物以植物性食物为主，大部分是杂草种子、树木种子，也有些谷物和昆虫等。

主要分布生境：起伏和缓的丘陵及红崖山水库、青土湖及农区周边季节性积水区域。

保护等级：

《中国物种红色名录》(2004)	无危
《世界自然保护联盟濒危物种红色名录》(2002)	无危
《有重要生态、科学、社会价值的陆生野生动物名录》(2021)	是

49. 山雀科 Paridae

（150）大山雀 *Parus major*

形态：雄鸟额、眼先、头顶、枕部以至后颈上部呈辉蓝黑色，后颈左右两侧各有一道条纹，向下延伸，与颏、喉和前胸之黑色相连接。眼下、颊、耳羽及颈侧白色，与周围的黑色相衬，呈一明显的三角形白斑。上背黄绿，下背至尾上覆羽蓝灰色。上背与后颈的黑色间，隔以狭形白色横带。中央一对尾羽蓝灰，羽干黑色；次三对尾羽的内侧羽片黑色，外侧羽片蓝灰色；第五对除羽端具楔形白斑外，其余内侧羽片和外侧羽片亦为黑色和蓝灰色；最外侧尾羽白色，羽干大都黑褐色，内侧羽片除羽端外，缀以宽阔的楔形黑褐色边缘。飞羽黑褐色；初级飞羽的外侧羽片，除最外侧二枚外，均具蓝灰色而向羽端转为灰白色的羽缘；次级飞羽均缘以蓝灰，羽端微缀以灰白色；三级飞羽的外侧羽片具较阔的灰白色羽缘；覆羽黑褐，外侧羽片具蓝灰色狭缘，大覆羽更具宽阔的灰白色羽端，相并而成一显著的横斑。颏、喉及前胸黑色，微具蓝辉。腹部白色，中央自前胸向后至尾下覆羽，具一宽阔的黑色纵带，有时尾下覆羽的黑斑还扩大呈三角形。腋羽白色。雌鸟羽色与雄鸟极相似，但腹部中央的黑色纵带稍细，尾下覆羽的三角形斑不显。虹膜褐色；嘴黑色；脚紫褐色。

生态：大山雀为林栖鸟类，栖息在山区阔叶林或针叶林间，食物多为昆虫。

主要分布生境：植物和雨水稀少、空气干燥的荒芜地区及农区周边。

保护等级：

《中国物种红色名录》（2004）	无危
《世界自然保护联盟濒危物种红色名录》（2002）	无危
《有重要生态、科学、社会价值的陆生野生动物名录》（2021）	是

50. 鹀科 Emberizidae

（151）小鹀 *Emberiza pusilla*

形态：头顶、头侧、眼先和颏侧均赤栗色，头顶两侧各具一黑色宽带；眉纹红褐；耳羽暗栗色，后缘沾黑色；颈灰褐而沾土黄色；肩、背砂褐色，有黑褐色羽干纹；腰和尾上覆羽灰褐色；小覆羽土黄褐色；中和大覆羽黑褐，前者羽尖土黄，后者沾赤褐，羽端土黄色；小翼羽和初级覆羽暗褐，而羽缘浅灰。翅上覆羽黑褐色而缘以赭黄色，初级覆羽的羽缘较淡；飞羽暗褐，内侧者缘以赭黄色，外侧者外缘转为土白色；尾羽褐色，具不明显的土白色羽缘；最外侧一对尾羽有一白色楔状斑；次一对尾羽仅在羽轴处有一白色窄纹；喉侧、胸、胁均土黄色，具黑色条纹；下体余部白色；翼下覆羽和腋羽也白色，后者中央发黑。虹膜褐色；上嘴近黑色，下嘴灰褐；脚肉褐色。

生态：在平原、丘陵、山谷和高山都能见到。多结群生活。性颇怯疑。杂食性。

主要分布生境：植物和雨水稀少、空气干燥的荒芜地区、裸岩和起伏和缓的丘陵。

保护等级：

《中国物种红色名录》（2004）	无危
《世界自然保护联盟濒危物种红色名录》（2002）	无危
《有重要生态、科学、社会价值的陆生野生动物名录》（2021）	是

(152) 灰头鹀 *Emberiza spodocephala*

形态：头、颈、颏、喉和胸均灰绿色，背面橄榄褐色，具有黑褐色条纹，下体亮黄色。嘴基、眼先、颊和颏斑灰黑色；头全部、颈周和胸绿灰色而微沾黄，有时具黑点；上背、肩橄榄绿色，微沾赤褐，羽中央具宽阔黑色条纹，羽缘黄褐；下背、腰和尾上覆羽浅橄榄褐色；尾羽黑褐，中央尾羽具黄褐色羽缘，其余尾羽绿亮褐色，外侧第二对尾羽内翈具白色楔状斑，最外侧一对尾羽几乎全白，仅内侧有一斜黑斑，外翈羽端具褐斑；小覆羽淡红褐色，中和大覆羽黑褐，外表沙褐色，羽缘色浅羽端呈牛皮白色；内侧大覆羽和内侧次级飞羽褐黑色；小翼羽和初级覆羽褐色；飞羽暗褐，外缘淡赤褐色；胸淡硫黄色，至肛周和尾下覆羽转为黄白色；胸侧和两胁淡褐而具黑褐色条纹；腋羽淡黄；翼下覆羽黄白色，羽基暗色。虹膜褐色；嘴棕褐，下嘴除先端外，色浅；脚白色。

生态：栖息在平原以至高山，可见于海拔3000m左右。常成小群活动，性不怯疑。杂食性。

主要分布生境：植物和雨水稀少、空气干燥的荒芜地区。

保护等级：

《中国物种红色名录》(2004)	无危
《世界自然保护联盟濒危物种红色名录》(2002)	无危
《有重要生态、科学、社会价值的陆生野生动物名录》(2021)	是

51. 卷尾科 Dicruridae

(153) 黑卷尾 *Dicrurus macrocercus*

形体：体长27～31cm的中型卷尾。雌雄相似。成鸟通体黑色具蓝黑色辉光，尾长而分叉，分叉末端略上卷。尾羽因换羽常呈锯齿状及各种过渡形态，与各种可能因此混淆的种类区别于其栖息的生境及行为。幼鸟下体具白色横纹。有时易与乌鹃、灰卷尾 hopwoodi 亚种及古铜色卷尾混淆，辨识分别见相应种描述。虹膜暗红色；喙黑色；跗跖黑色。

生态：国内为北至东北的广大东部、中西部及西南部地区以及海南和台湾的常见夏候鸟或留鸟。栖息于包括农田、果园、疏林等各种开阔环境中，喜停栖于电线、枝顶等视野开阔处捕食空中飞虫。繁殖期领域性极强，常攻击路过的猛禽甚至人类。

主要分布生境：起伏和缓的丘陵及农区季节性积水区域。

保护等级：

《中国物种红色名录》(2004)	无危
《世界自然保护联盟濒危物种红色名录》(2002)	无危
《有重要生态、科学、社会价值的陆生野生动物名录》(2021)	是

四

兽纲 MAMMALIA

（二十三）翼手目 CHIROPTERA

52. 蝙蝠科 Vespertilionidae

（154）普通蝙蝠 *Vespertilio murinus*

形态：体型中小，鼻吻部较正常，鼻孔后两侧各有一隆起的圆形皮肤丘，上唇较向前中央突，而使上唇中央稍长。耳较短，缘较圆，两耳在前额处相距很近，耳屏较短，其基部宽而端部较窄，端部圆钝。尾较长，在股间膜后端突出2.5mm；翼膜较窄，翼膜由趾基起；距细长，有较窄的距缘膜；翼膜近体侧处和股间膜两大腿处具较长的毛。体背面毛基近黑色，毛尖近毛长1/5处为浅褐色，毛尖端则近白色，因其毛尖好似一层霜故称霜蝠。体侧与胸腹部色较浅，特别是颈部与腹下毛色浅白；腹毛基灰褐色，毛尖端灰白色，与背部深色成鲜明对比，所以又称双色蝠。翼膜基毛、股膜基毛棕褐色；翼膜黑褐色；耳廓及吻鼻部均黑褐色。头骨较短，最大长不超过17mm，枕部高大于颅全长的1/3，颧弓较细弱；头骨吻部两侧凹陷，其前端鼻窦深达吻端至眶间狭缩处全距之半；无矢状嵴，人字嵴也不发达。

生态：常常和其他种类的蝙蝠混居在一起，白天休息，晨昏陆陆续续地从栖居处外出利用25～27kHz的超声波捕食，食物例如蚊子、石蛾和飞蛾等，狩猎高度20～40m，如果食物稀少，有时可整夜活动，捕食蚊蚋等有害昆虫。

主要分布生境：村镇及农区边缘。

保护等级：

《中国物种红色名录》（2004）	无危
《世界自然保护联盟濒危物种红色名录》（2002）	无危

（二十四）食肉目 CARNIVORA

53. 鼬科 Mustelidae

（155）艾鼬 *Mustela eversmanii*

形态：体细长，颈部长而粗，四肢较短，体略大于黄鼬，吻较长，耳短圆，四肢短，足部被毛，前后肢均5趾。通常雄兽较雌兽大，体重约1kg。长39～46cm，尾长12～17cm；体背棕黄或沙黄色；背后部及腰毛长而尖黑，致使该部呈黑黄色。面部眼周和眼间及面正中棕黑色，余部粉棕，上下唇和鼻周白色；额部棕或沾白，耳壳内棕色，耳背及前缘色白，基部前缘淡棕。颏和喉浅棕色；胸黑褐，腹部两侧皮黄，四肢和鼠蹊部为褐黑色。尾除末端褐黑色外余与背同色。冬季毛色较淡，前头棕色变为白色。

生态：栖息开阔的山地和草原。食物以鼠、旱獭、兔等为主，常钻入鼠及旱獭洞穴，主动出击。

主要分布生境：植物和雨水稀少、空气干燥的荒芜地区、裸岩和起伏和缓的丘陵。

保护等级：

《中国物种红色名录》（2004）	无危
《世界自然保护联盟濒危物种红色名录》（2002）	无危
《有重要生态、科学、社会价值的陆生野生动物名录》（2021）	是

（156）虎鼬 *Vormela peregusna*

形态：体型如黄鼬而略小，雄性大于雌性，体长29～38cm，尾长15～22cm，体重370～715g，耳椭圆形。背毛黄白色，身上有许多大小和形状不规则的褐色或棕色斑纹，身体后部斑纹多而颜色深。头部自吻端至两耳间为黑褐色，横过面颜部有一条白纹，经眼上方向两侧延伸到耳下、上下唇。尾末端黑褐色，易与其它鼬类相区别。

生态：栖居于荒漠与半荒漠草原，一般避开辽阔的草原和纯沙漠区。挖洞穴居，也利用其他动物的洞穴。主要在夜间和晨昏活动。善于攀爬，但主要在地面活动，捕食鼠类、鸟类、蜥蜴等。除繁殖季节外，均单独活动。2～3月产仔，妊娠期约9周，每胎4～8仔。

主要分布生境：植物和雨水稀少、空气干燥的荒芜地区。

保护等级：

《中国物种红色名录》（2004）	易危
《世界自然保护联盟濒危物种红色名录》（2002）	无危
《中国濒危动物红皮书》（1998）	稀有
《有重要生态、科学、社会价值的陆生野生动物名录》（2021）	是

（157）亚洲狗獾 *Meles leucurus*

形态：体形较大，成年兽重约10kg左右，体长约半米。外形粗壮，颈部较短，耳壳短，眼小。四肢短粗。前后足的趾均具强有力的棕黑色爪，前足的爪比后足的长，跖部裸露，半跖行性。鼻骨尖端软骨化成鼻垫。鼻垫与上唇见被毛。体毛为黑褐色与白色相杂状，体背自头顶至尾部针毛基部白，末端黑褐，毛尖白色。外观上为黑棕与白色相混杂；体侧针毛与背毛相似；头部有白色纵纹三条，中间一条自吻端到额部，颊两侧各一条，由口角经耳基部到头后。三条白色纵纹中间介以两条黑棕色纹，自吻端侧向后延伸，过眼至头的后部与背部深色部分相续。耳背及后缘黑棕，上缘白色。

生态：杂食性，捕食各种小动物，在有狼分布的地方，还食狼吃剩的食物，兼食植物的根、茎和果实。

主要分布生境：植物和雨水稀少、空气干燥的荒芜地区或裸岩及季节性积水区、农区周边。

保护等级：

《中国物种红色名录》（2004）	近危
《世界自然保护联盟濒危物种红色名录》（2002）	无危

54. 猫科 Felidae

（158）荒漠猫 *Felis bieti*

形态：体形似家猫但较大。体长超过60～80cm，尾23～35.2cm。四足掌面具黑褐色长毛，毛密而长，着生足掌，有防滑作用。尾较长，四肢略高。耳背面与背部同为黄灰色，耳上无横斑而具约2cm长的短簇毛。头上和背部，四肢外侧黄灰色，密杂以黑色及深棕色针毛。体侧长毛灰色，黑尖短，使体侧显得色较浅。

生态：栖息于荒漠、半荒漠地带，偶见于灌丛。以啮齿类动物为食。

主要分布生境：植物和雨水稀少、空气干燥的荒芜地区、裸岩和起伏和缓的丘陵。

保护等级：

《国家重点保护野生动物名录》（2021）	一级
《中国物种红色名录》（2004）	极危
《世界自然保护联盟濒危物种红色名录》（2002）	易危
《中国濒危动物红皮书》（1998）	濒危
《濒危野生动植物种国际贸易公约》（2019）	附录Ⅱ

55. 犬科 Canidae

（159）沙狐 *Vulpes corsac*

形态：外形似赤狐但较小，体长50～60cm，重3kg左右。耳小，尾亦较短。尾长25～30cm，约为体长之半。体毛较短。体色由淡棕到暗棕色。由于额、头顶、体背及尾基毛均为黑褐色，针毛基部近黑，末端白，故体色明显带有花白色。吻部灰沾棕黄，颊部较暗，耳壳背面深灰棕沾黑色，内面白色，耳后有明显的皮黄块斑。四肢外侧灰棕色，其内侧和腹下为白色。尾基部毛色与背部相似，末端灰黑色。夏季毛色近于淡红色。

生态：栖息在开阔的荒原和半荒漠地区。一般没有固定的住所常住于旱獭的废弃洞中。食物包括各种啮齿动物如鼠、鼠兔、野兔和各种小鸟，亦食昆虫和野果等，耐饥饿的能力强。交配期1～2月，怀孕期约2个月，每胎一般3～5仔。

主要分布生境：植物和雨水稀少、空气干燥的荒芜地区、裸岩和起伏和缓的丘陵。

保护等级：

《国家重点保护野生动物名录》（2021）	二级
《中国物种红色名录》（2004）	易危
《世界自然保护联盟濒危物种红色名录》（2002）	数据缺失

（160）赤狐 *Vulpes vulpes*

形态：体细长，体长60～90cm，尾长40～60cm，面狭，吻尖，耳大，四肢较短，尾粗而长，尾的尖端白色，尾毛特别蓬松，肛门附近具有臭腺，分泌物习称狐臭。狐毛的颜色，随季节、年龄和地理分布不尽相同。通常头部毛基棕色，毛尖白色；耳背黑或黑棕色，吻两侧具黑色毛区，唇和下颏至前胸污白或乌灰色，自头顶至背中央浓栗褐色，背部红棕色，颈、肩、身体两侧微黄。腹毛白或黄白色，臀和后肢上部暗棕红色，毛末端白而尖黑，呈现为灰棕色。尾上面红褐色，饰黑、黄或灰色细斑。尾尖端白色，尾下面棕白。四肢棕色或浅褐色，前肢上臂外侧有一条宽黑纹直至足掌背面；后肢跖部亦有一条较短而狭窄的黑纹。

生态：栖居森林、草原、丘陵、沟壑等各种不同生境。洞居，也常利用獾的旧洞或树洞。白天蜷伏洞中，抱尾而眠，嗅觉、听觉都很发达，性狡猾，行动矫健敏捷，受惊时常跳入沟壑低凹处，迅速潜逃。晨昏外出，能爬上倾斜的树干。食性很杂。年繁殖一次，1～2月交配，怀孕期约2个月，每胎多为5～6仔。

主要分布生境：植物和雨水稀少、空气干燥的荒芜地区或裸岩及季节性积水区、农区周边。

保护等级：

《国家重点保护野生动物名录》（2021）	二级
《中国物种红色名录》（2004）	易危
《世界自然保护联盟濒危物种红色名录》（2002）	无危

（二十五）劳亚食虫目 EULIPOTYPHLA

56. 猬科 Erinaceidae

（161）大耳猬 *Hemiechinus auritus*

形态：体长约20cm，耳大，4～5cm，高出周围棘刺，耳尖钝圆。自耳后至尾基部的体背覆以坚硬的棘刺，长达3.5cm。棘刺为多节环组成，自基部至刺尖依次为暗褐色、白色的节环，少数棘刺全为白色。头顶棘刺不向左右分披。相互连接。体侧及腹部覆以较短软毛。纹灰白色。头橙黄色。耳灰黄色。体侧灰黄色，腹部灰白色。尾短不及3.5cm，浅棕褐色。头骨眶间区窄，前额“v”形膨胀；人字脊不向上后方突出，故枕髁和枕大孔从背面可见；基枕骨略呈三角形。

生态：常栖息于农田、庄园、乱石荒漠等处，主要在菜园、芦苇、灌丛中活动。杂食性动物，但主要以昆虫为主，如蝼蛄、金龟子、蟋蟀、蝗虫等。

主要分布生境：植物和雨水稀少、空气干燥的荒芜地区或裸岩及季节性积水区、农区周边。

保护等级：

《中国物种红色名录》（2004）	近危
《世界自然保护联盟濒危物种红色名录》（2002）	无危
《有重要生态、科学、社会价值的陆生野生动物名录》（2021）	是

（二十六）兔形目LAGOMORPHA

57.兔科Leporidae

（162）蒙古兔 *Lepus tolai*

形态：体型较大，体重可达2.5kg左右，体长45cm。耳长9.5cm，其长度常超过颅全长，前折越过鼻最前端。尾较短，通常短于后足之长。体毛较浅，背部毛色灰黄，并具浅黄棕色的波浪状斑纹，头顶棕褐色，杂有黑色斑点。脸侧及眼周灰白色或微沾棕黄色。颈和躯干的前半部同背色，后半部与颈部色同。颈及肩部为棕褐色。腹部毛色纯白。掌部和跖部则具有淡黄色的刷状毛。尾上方中央为黑色毛区。两侧及下方为纯白色。

生态：大多栖息于半荒漠和荒漠的绿洲中，常以低凹处，草丛、灌木丛为临时栖息场所，具有极浅而且非常简单的巢穴。草食性，初夏开始繁殖。年繁殖2～3窝，每窝2～6仔。

主要分布生境：植物和雨水稀少、空气干燥的荒芜地区或裸岩及季节性积水区、农区周边。

保护等级：

《中国物种红色名录》（2004）	无危
《世界自然保护联盟濒危物种红色名录》（2002）	无危
《有重要生态、科学、社会价值的陆生野生动物名录》（2021）	是

（二十七）鲸偶蹄目 CETARTIODACTY

58. 牛科 Bovidae

（163）鹅喉羚 *Gazella subgutturosa*

形态：外形似黄羊，雄成体长98cm，但耳较长大，尾较长。雄兽角升起后向后弯，近角尖1/3段显著内弯。角基段和中段具横棱，近角尖1/3段光滑无棱。雌兽无角。颈细长，雄兽在交配期，颈下甲状腺肿胀。眼下，脸纹茶褐色，额灰棕，吻部白略带棕黄色，体色棕黄。

生态：栖息于海拔1000～2500m的山麓荒漠、半荒漠地带。以梭梭、花棒、合头草、红砂、骆驼蓬、猪毛菜、芨芨、冰草、针茅等为食。

主要分布生境：植物和雨水稀少、空气干燥的荒芜地区或裸岩及季节性积水区、农区周边。

保护等级：

《国家重点保护野生动物名录》（2021）	二级
《中国物种红色名录》（2004）	近危
《世界自然保护联盟濒危物种红色名录》（2002）	低危
《中国濒危动物红皮书》（1998）	易危

（二十八）啮齿目 RODENTIA

59. 鼠科 Muridae

（164）大沙鼠 *Rhombomys opimus*

形态：体型较大，是沙鼠亚科中体型较大的种类。耳较小，前折时不达眼。尾粗大，略短于体长。上门齿唇面各具两条纵沟，外侧一条较明显。头、背毛色沙黄色，尾毛色稍灰，而具光泽。

生态：典型的荒漠鼠类，生活在灌木、半灌木固定的沙丘或沙地。主要取食植物的茎叶、嫩枝，食量很大，胃重可达50g。

主要分布生境：植物和雨水稀少、空气干燥的荒芜地区、裸岩和起伏和缓的丘陵。

保护等级：

《中国物种红色名录》（2004）	近危
《世界自然保护联盟濒危物种红色名录》（2002）	无危

参考文献

常城，罗文英，刘迺发. 甘肃民勤繁殖鸟类群落及演替研究[J]. 甘肃科学学报，1994 (2): 35-40.

陈灵芝，马克平. 生物多样性科学：原理与实践[M]. 上海：上海科学技术出版社，2001: 15.

段文科，张正旺. 中国鸟类图志[M]. 北京：中国林业出版社，2017.

费梁，叶昌媛，江建平，等. 中国两栖动物及其分布彩色图鉴[M]. 成都：四川科学技术出版社，2012: 262-623.

符建荣，刘少英，胡锦矗，等. 2006. 四川海子山自然保护区的鸟类资源及区系[J]. 四川动物，2006, 25(3): 501-508.

高士平，李东明，.高英杰，等. 河北省生物多样性动态监测指标设计—以脊椎动物多样性分布的丰富度评价为例[J]. 河北省科学院学报，2012, 29(3): 62-64.

高万林，曾新德，王承勋，等. 甘肃民勤连古城自然保护区陆栖野生脊椎动物物种组成和区系分析[J]. 干旱区资源与环境，2022, 36(5): 166-170.

顾振东，马存世，王承勋，等. 甘肃民勤连古城国家级自然保护区鸟类新记录－黑尾地鸦*Podoces hendersoni*[J]. 甘肃林业科技，2012, 37(4): 11-12.

国家林业和草原局，农业农村部.《国家重点保护野生动物名录》(2021年2月1日修订) [J]. 野生动物学报，2021, 42(2): 605-640.

蒋志刚，纪力强. 鸟兽物种多样性测度的G-F指数方法[J]. 生物多样性，1999, 7(3): 61-66.

蒋志刚，江建平，王跃招，等. 中国脊椎动物红色名录[J]. 生物多样性，2016, 24(5): 500-551.

蒋志刚，马克平，韩兴国. 保护生物学[M]. 杭州：浙江科学技术出版社，1997.

李隆，龚大洁，张利平，等. 民勤连古城国家级自然保护区鸟类群落时空变化[J]. 干旱区资源与环境，2018, 32(11): 150-155.

刘开明，龚大洁，赵海斌，等. 马鬃山陆生野生脊椎动物多样性及地理区系[J]. 干旱区资源与环境，2017, 31(4): 187-191.

马存世，闫好原，李进军，等. 民勤连古城国家级自然保护区鸟类新记录：凤头百灵[J]. 甘肃林业科技，2010, 35(4): 8-9.

马克平. 生物多样性的测度方法[M]. 北京：中国科学技术出版社，1994: 1-50.

马志军，陈水华. 中国海洋与湿地鸟类[M]. 长沙：湖南科学技术出版社，2018.

聂延秋，内蒙古野生鸟类[M]. 北京：中国大百科全书出版社，2011.

聂延秋. 中国鸟类识别手册[M]. 第二版. 中国林业出版社，2018.

曲利明. 中国鸟类图鉴 (便携版) [M]. 福州：海峡书局，2014.

唐小平，何承仁，宋朝枢. 甘肃民勤连古城自然保护区科学考察集[M]. 北京：中国林业出版社，2001: 56-59.

王剀，任金龙，陈宏满，等. 中国两栖、爬行动物更新名录[J]. 生物多样性，2020, 28(2): 189-218.

王香亭. 甘肃脊椎动物志[M]. 兰州：甘肃科学技术出版社，1991: 1241-1293.

魏辅文，杨奇森，吴毅，等. 中国兽类名录(2021版) [J]. 兽类学报，2021, 41(5): 487-501.

旭日干. 内蒙古动物志 (第三卷) [M]. 呼和浩特：内蒙古大学出版社，2007.

姚崇勇，龚大洁. 甘肃两栖爬行动物[M]. 兰州：甘肃科学技术出版社，2012: 1-164.

约翰. 马敬能，卡伦. 菲利普斯，何芬奇. 中国鸟类野外手册[M]. 长沙：湖南教育出版社，2000: 19-497.

张词组，庞秉璋. 中国的鸟[M]. 北京：中国林业出版社，1997.

张杰，马存世，杨宇翔，等. 石羊河下游荒漠区3种鸟类新记录—猎隼、红隼、崖沙燕[J]. 甘肃林业科技，2014, 39(3): 38-40.

张荣祖. 中国动物地理[M]. 北京：科学出版社，1999: 259-330.

张勇，龚大洁，贺俊生，等. 甘肃民勤县陆栖野生脊椎动物地理区系及多样性研究[J]. 野生动物学报，2020, 41(1): 047-053.

赵多明，闫好原，张杰，等. 甘肃民勤连古城国家级自然保护区药用鸟类资源研究[J]. 甘肃科技，2016, 32(13): 133-137.

赵多明，张杰，闫好原，等. 甘肃民勤连古城国家级自然保护区药用兽类资源调查与评价[J]. 甘肃科技，2015, 31(12): 145-148.

赵多明，张杰，张有佳，等. 甘肃民勤连古城国家级自然保护区药用两栖、爬行类资源调查研究[J]. 甘肃科技，2015, 31(16): 11-13.

赵欣如. 中国鸟类图鉴[M]. 北京：商务印书馆，2018.

赵正阶. 中国鸟类志[M]. 长春：吉林科学技术出版社，2001.

郑光美. 鸟类学[M]. 第二版. 北京：北京师范大学出版社，2012.

郑光美. 中国鸟类分类与分布名录[M]. 第三版. 北京：科学出版社，2017.

中文名索引

学名索引